SCIENTIA
Novembre 1903

PHYS.-MATHÉMATIQUE
n° 22

DIAGRAMMES ET SURFACES
THERMODYNAMIQUES

PAR

J.-W. GIBBS

TRADUCTION DE

M. G. ROY, chef des travaux de physique à l'Université de Dijon

AVEC UNE INTRODUCTION DE

M. B. BRUNHES, professeur à l'Université de Clermont.

TABLE DES MATIÈRES

DIAGRAMMES ET SURFACES THERMODYNAMIQUES

INTRODUCTION

L'influence exercée sur la chimie contemporaine par les idées de Gibbs va sans cesse grandissant, à mesure que son œuvre est mieux connue. Longtemps cette œuvre même, sous sa forme originale, est restée difficilement accessible. En 1891, M. Wilhelm Ostwald publiait sous le titre *Thermodynamische Studien*, une traduction allemande des trois mémoires de Gibbs, parus de 1873 à 1878, dans les *Transactions of the Connecticut Academy*. En 1899, M. H. Le Châtelier donnait une traduction française de la partie essentielle du troisième de ces mémoires, le mémoire fondamental sur « l'équilibre des systèmes hétérogènes. » Le présent opuscule est la traduction française des deux premiers mémoires de M. Gibbs. Nous espérons qu'il rendra plus familières aux lecteurs français les idées si originales de M. Gibbs sur la représentation géométrique des phénomènes thermodynamiques par des diagrammes et par des surfaces.

Ces idées ont été fécondes. Elles ont inspiré d'intéressants essais de représentation des réactions accomplies dans les moteurs thermiques par des diagrammes autres que le diagramme classique de Clapeyron. Elles ont surtout suggéré à M. Van der Waals et à l'école hollandaise leurs beaux travaux sur la représentation graphique des équilibres au sein des mélanges. Tous ces travaux prennent plus d'intérêt et deviennent plus clairs quand on remonte à la source d'où ils dérivent. M. Gibbs, à la vérité, est revenu sur ce sujet dans l'« Equilibre des systèmes hétérogènes » où l'on trouve tout un chapitre (pages 98 à 130 de la traduction Le Châtelier) relatif aux *Représentations géométriques*. Mais ce chapitre, l'un des plus concis et des plus abstraits de l'ouvrage, s'éclaircit singulièrement, si on le relit après avoir lu les deux mémoires traduits ici, et auxquels du reste l'auteur renvoie expressément.

Aussi ai-je encouragé sans hésiter mon ancien collaborateur à l'Université de Dijon, M. G. Roy, lorsqu'il m'a manifesté l'intention de traduire en français ces deux mémoires. La traduction a été revue par nous deux, et sur le texte original anglais, et sur le texte allemand d'Ostwald, auquel M. Gibbs avait apporté quelques corrections. M. Willard Gibbs a bien voulu nous donner, très gracieusement, l'autorisation de publier cette traduction française. Nous tenons à mentionner, avec nos remerciements, les encouragements que nous avons reçus de la part de M. Le Châtelier, et de la part de M. W. Bancroft, qui nous a fourni sur M. Gibbs quelques notes biographiques et bibliographiques que l'on trouvera plus loin. Le Directeur de « Physical Chemistry » nous écrivait qu'il regretterait plus que jamais, qu'on ne pût avoir sous la main le texte original des premiers mémoires de Gibbs, publiés dans un recueil très peu repandu, et que les lecteurs français allaient être, à cet égard, comme le sont déjà les Allemands, plus favorisés que les Anglais.

I

Nous voudrions, dans une brève introduction, montrer comment se classent, en un ensemble cohérent, les divers modes de représentation géométrique introduits en thermodynamique par Gibbs et ses successeurs.

Les deux mémoires publiés ici se rapportent au cas d'un constituant unique, pouvant exister sous plusieurs états, ou, suivant l'expression consacrée, sous plusieurs *phases*. Il n'y aura qu'à généraliser convenablement les méthodes exposées pour aborder le cas, plus complexe, des mélanges, et en particulier, le cas important des mélanges binaires.

L'une des idées dominantes de l'œuvre de Gibbs est la distinction entre deux types de variables caractérisant l'état physique ou chimique d'un système : on pourrait les nommer « variables de position » et « variables de tension ». Au nombre des premières sont le volume, l'entropie, les masses des divers constituants en présence. Dans la seconde catégorie, celle des *tensions*, doivent être rangées la pression, la température, et les grandeurs que Gibbs introduit sous le nom de *potentiels chimiques*. Les variables de la première catégorie sont proportionnelles à la masse totale du système, à moins qu'on ne précise que l'on prend leurs valeurs *spécifiques*, rapportées à l'unité de masse totale du système. Les tensions sont indépendantes de la masse. De cette seule différence, les considérations d'homogénéité permettront de tirer des relations importantes : en des phases coexistantes, toutes les *tensions* sont égales.

La variation élémentaire de l'énergie ε peut être mise sous la forme d'une somme de termes dont chacun s'obtient en multipliant la variation d'une *variable de position* par la *tension* correspondante, de même qu'en mécanique pure, le travail élémentaire est donné par une suite de termes obtenus en multipliant les variations de position d'un point par les composantes correspondantes de la force, ou les déplacements angulaires par les moments des couples de rotation. Avec les notations de Gibbs, on a :

$$d\varepsilon = t\,d\eta - p\,dv + \mu_1 dm_1 + \mu_2 dm_2 + \ldots + \mu_n dm_n ;$$

où ε représente l'énergie du système, v son volume, p la pression, η l'entropie, t la température absolue, m_1, m_2, ... m_n, les masses des divers constituants, et μ_1, μ_2, ... μ_n, les potentiels chimiques correspondants (1).

Cette distinction entre deux types de variables a été particulièrement développée par M. Le Chatelier qui appelle *capacités de puissance motrice* ce que nous appelons ici *variables thermodynamiques de position* (2).

Si l'on se borne au cas d'un constituant unique, le diagramme

(1) Le potentiel chimique d'une substance dans un mélange homogène peut être défini : l'accroissement d'énergie de la masse homogène totale divisée par la quantité de substance ajoutée, si à une masse homogène on ajoute une quantité infinitésimale de la substance sans altérer l'homogénéité et sans changer l'entropie ni le volume de la masse. Ce serait l'accroissement du potentiel thermodynamique de la masse homogène, au lieu d'être l'accroissement de l'énergie, si l'addition de la substance, au lieu d'être faite à entropie constante, était faite à température constante (Voir Gibbs : traduction Le Châtelier, p. 63).

(2) *Journal de physique*, 3e série, t. III, p. 289.

classique prend comme abscisse une des variables de position, le volume, et comme ordonnée, la tension correspondante. Avant Gibbs, on avait considéré encore le diagramme des deux tensions, pression et température : c'est celui qu'on emploie pour figurer les courbes de tension de vapeur, ou les courbes de fusion ; c'est la considération de ce diagramme qui justifie l'expression « théorème du triple point ».

Le professeur Gibbs a introduit, en particulier, deux diagrammes nouveaux : celui qui s'adresse à la seconde variable de position, l'entropie, et à la tension correspondante, la température : — c'est le *diagramme entropique*, — et le diagramme, plus nouveau encore, qui prend pour coordonnées les deux variables de position, le volume et l'entropie. Ici, les mélanges de trois phases coexistantes du même corps, au lieu d'être figurés par un point unique, sont figurés par les divers points d'un triangle dont les trois sommets correspondent aux trois phases. C'est le premier exemple du diagramme triangulaire qui a reçu, depuis, d'intéressantes applications, notamment dans l'étude des alliages.

Le diagramme volume-entropie est la préface nécessaire à l'étude de la surface volume-entropie-énergie. L'étude de cette surface fait l'objet du second mémoire de Gibbs [1].

II

La connaissance complète des propriétés d'un fluide exige la connaissance d'une relation entre trois grandeurs : volume, pression et température ; ou encore, volume, température, énergie, etc. Mais de ces relations entre trois grandeurs, plusieurs ne suffisent pas à nous faire connaître toutes les autres grandeurs qui caractérisent l'état du corps; la relation entre volume, pression et température ne détermine pas complètement l'énergie et l'entropie.

On sait, au contraire, depuis Massieu, qu'il y a des *fonctions caractéristiques* de divers systèmes de deux variables indépen-

[1] Les propriétés essentielles de cette surface de Gibbs ont été exposées dès 1891 par M. Mouret, sous une forme très personnelle, dans un important mémoire publié dans le *Journal de physique* (*J. de physique*, 2e série, t. X, p. 253).

dantes, telles que la connaissance de la relation entre la fonction et les deux variables suffit à donner une connaissance intégrale du corps. Si c'est le volume et la température qu'on prend pour variables indépendantes, il faut leur associer la fonction $\varepsilon - t\eta$ (notations de Gibbs), *potentiel thermodynamique à volume constant ;* si c'est la pression et la température, c'est la fonction $\varepsilon - t\eta + pv$, *potentiel thermodynamique à pression constante.* Mais Gibbs remarque qu'une combinaison jouissant des mêmes propriétés est celle qui prend l'énergie ε comme fonction de l'entropie et du volume. L'énergie joue le rôle de potentiel thermodynamique à entropie constante. Et, dès 1885, M. Duhem insistait justement sur cette idée dans l'introduction de son « Potentiel thermodynamique », qui inaugurait brillamment l'ample série de publications, par lesquelles il a rendu classique en France la thermodynamique nouvelle. Il semble pourtant qu'on ait perdu de vue cette propriété de l'énergie, d'être un potentiel thermodynamique particulier, — absorbé que l'on a été par l'importance pratique du potentiel thermodynamique spécial qui détermine le sens des réactions accomplies en maintenant l'équilibre de température entre les corps réagissants et le milieu extérieur.

Si l'on veut substituer à l'une des variables « de position » x la variable « de tension » qui lui correspond, et qui est égale à $\frac{\partial \varepsilon}{\partial x}$, il faudra, pour avoir encore une relation caractéristique, substituer à l'énergie ε l'expression $\varepsilon - x\frac{\partial \varepsilon}{\partial x}$. Inversement, si l'on veut substituer dans l'expression d'un potentiel thermodynamique à tension y constante, la variable de position relative à la tension y, à cette tension elle-même, on devra, pour conserver une relation caractéristique, substituer au potentiel thermodynamique ψ, l'expression $\psi - y\frac{\partial \psi}{\partial y}$. De là l'origine de ces binômes qu'on rencontre à chaque pas dans la thermodynamique des phénomènes électriques et chimiques.

Un exemple nous montrera comment la méthode de représentation géométrique par des surfaces justifie l'introduction de ces binômes, et, du même coup, éclairera la méthode elle-même.

Donnons-nous la surface ε, η, v considérée dans le second mémoire de Gibbs. Et posons-nous le problème suivant : *Donner une idée exacte de la surface ε sans avoir recours à une* *représentation dans l'espace à trois dimensions, en figurant seulement dans le plan une famille de courbes de la surface.*

C'est là un problème dont la solution s'impose impérieusement, quand on passe du cas de deux à celui de trois variables indépendantes. Si l'énergie ε dépend de v, de η et d'une autre variable x, elle sera représentée dans un espace à 4 dimensions par une « variété » dont l'étude graphique ne pourra être faite qu'en ayant recours à une série de « sections » qui seront des surfaces tracées dans un espace à 3 dimensions.

On pourrait être tenté de figurer les sections de la surface ε de Gibbs, par des plans $\eta =$ constante. On aurait, en projection, dans le plan ε, v, les adiabatiques de la surface. Mais les adiabatiques d'un système de liquide et de vapeur, qui ont fait l'objet d'une intéressante étude de M. Raveau, ne présentent pas cet avantage essentiel des isothermes ou des lignes d'égale pression, de passer par les deux phases coexistantes. Si on veut avoir sur une même ligne de la surface deux phases coexistantes, il faut y tracer ou les lignes d'égale pression, ou les isothermes. Et comme, sur la surface de Gibbs, les phases coexistantes sont figurées par les points de contact d'un plan bitangent, si l'on veut conserver cette propriété dans le plan, il faudra que la projection des courbes soit faite de telle sorte que, sur chaque courbe projetée, les deux phases coexistantes correspondent aux deux points de contact d'une droite bitangente.

La surface de Gibbs (p. 73) est constituée par une surface à double courbure convexe, correspondant à une phase unique et qui présente *un pli* que recouvre une surface réglée appelée par lui surface dérivée, correspondant au mélange de deux phases. Pour tracer sur une pareille surface une courbe isotherme, on devra tracer dans le plan $\varepsilon\eta$, une droite OA de coefficient angulaire égal à la température absolue choisie, $\operatorname{tg} \widehat{AO\eta} = \frac{\partial \varepsilon}{\partial \eta} = t$; puis faire rouler sur la surface primitive un plan tangent parallèle à OA. Pour être plus clair, on peut dire qu'on fera dans le plan des ε, η, un changement d'axes, qu'on fait tout tourner autour de l'axe $O\varepsilon$ jusqu'à rendre OA vertical; et qu'ensuite *on fait rouler sur la surface un plan tangent vertical, c'est-à-dire qu'on en trace le contour apparent horizontal.*

Si ce plan tangent vertical rencontre le pli, il y a une position pour laquelle il est bitangent à la surface, en M et N. La droite MN fait partie de la surface dérivée. La projection horizontale du contour apparent dans l'espace LMNP est une courbe $lmnp$; la droite mn, projection de MN, est bitangente à la courbe plane $lmnp$ en m et en n, tandis que la courbe dans l'espace LMNP n'est pas, en général, tangente en M et en N à la droite MN qui joint les points de contact du plan bitangent. Et en projetant cette courbe par un autre mode de projection que par des verticales, on aurait en M et en N deux points anguleux. Il faut donc, pour avoir une projection de l'isotherme, dont la bitangente conserve la propriété que possède le plan bitangent dans l'espace, de donner, par les deux contacts, les deux phases coexistantes, projeter l'isotherme sur le plan horizontal, ou tout au moins projeter par des verticales.

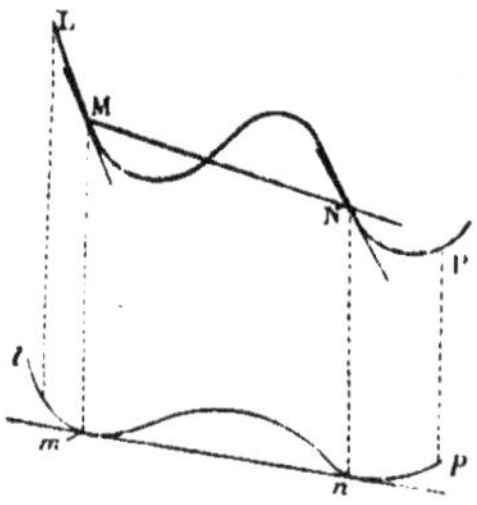

Fig. 1.

Nous pouvons, en particulier, projeter sur le plan des ε, v, par des parallèles à OA, ce qui revient à prendre des axes de coordonnées obliques, et à passer du système Ov, $O\eta$, $O\varepsilon$, à Ov, OA, $O\varepsilon$. Les formules de transformation seraient :

$$v' = v$$

$$\varepsilon' = \varepsilon - t\eta$$

$$y \text{ (suivant OA)} = \frac{\eta + t\varepsilon}{\sqrt{1 + t^2}}.$$

La famille de courbes ayant la propriété de donner par les contacts d'une bitangente les phases coexistantes est donc la famille de courbes tracées dans le plan ε', v'.

$$\varepsilon' = \varphi(v'), \quad \text{ou} \quad \varepsilon - t\eta = \varphi(v).$$

On voit comment le terme soustractif $t\eta$ ou $\eta \frac{\partial \varepsilon}{\partial \eta}$ *est introduit par le changement d'axes de coordonnées que rend nécessaire la condition de conserver aux droites bitangentes dans le plan, la propriété des plans bitangents dans l'espace à trois dimensions.*

Si on eût tracé les isobares, on eût été conduit à projeter un contour apparent par des parallèles à une droite OA_1 du plan des ε, v, ayant pour coefficient angulaire $p = -\frac{\partial \varepsilon}{\partial v}$, par suite à étudier dans le plan des ε, η, la famille de courbes $\varepsilon + pv = \varphi(\eta)$, donnant l'énergie potentielle, — intérieure et extérieure, — en fonction de l'entropie.

III

Si nous passons du cas de deux variables indépendantes à celui de trois, la question peut se traiter par les mêmes principes. Un mélange binaire est caractérisé par son volume, son entropie, et une variable nouvelle qui définit sa composition : ce sera, par exemple, le rapport au poids total du poids de l'un des composants, $x = \frac{m_1}{m_1 + m_2}$. La proportion du second composant est $1 - x$, et la dérivée de l'énergie, à volume et entropie constants, par rapport à x, est la différence des potentiels chimiques des deux composants $\mu_1 - \mu_2$.

Dans un espace à quatre dimensions, la *variété* représentant ε en fonction de v, η, x, présente un double contact avec une *variété linéaire* aux phases coexistantes. Il s'agit de remplacer l'étude de cette *variété* par celle d'une famille de surfaces, qui en soient les « sections », de la traiter comme on a traité tout à l'heure la surface ε, v, η, dont on a étudié une famille de courbes dans le plan. On pourra prendre les surfaces isothermes de la variété ε, v, η, x et les *projeter* dans l'espace v, x, ε. Mais pour que cette projection conserve la propriété capitale d'avoir un plan tangent commun aux points représentant des phases coexistantes, il faudra faire un changement d'axes qui substitue à ε le binôme $\varepsilon - \eta \frac{\partial \varepsilon}{\partial \eta}$ ou $\varepsilon - t\eta$, en d'autres termes, le potentiel thermodynamique ψ à volume constant. Nous obtenons ainsi les surfaces ψ de van der Waals. *Elles se présentent à nous comme figurant des surfaces isothermes découpées dans la variété qui serait la surface de Gibbs dans un espace à quatre dimensions, lorsqu'on a trois variables indépendantes : volume, entropie composition d'un mélange binaire.*

En découpant dans la même *variété* les surfaces isobares, nous aurions une famille de surfaces représentant $\varepsilon + pv$ en fonction de η et x.

On pourrait encore, dans la variété de l'espace à quatre dimensions, découper la famille doublement infinie des courbes à la fois isothermes et isobares. On serait ainsi conduit à représenter en fonction de x, seule variable indépendante, la fonction $\varepsilon - \eta \frac{\partial \varepsilon}{\partial \eta} - v \frac{\partial \varepsilon}{\partial v}$ ou $\varepsilon - t\eta + pv$, en d'autres termes, le potentiel thermodynamique χ à pression constante.

Van der Waals a discuté les avantages et les inconvénients de cette représentation à laquelle il ne s'est pas arrêté (1). Il nous paraît que ces divers essais de représentation géométrique des propriétés des mélanges binaires gagnent à être regardés comme des tentatives pour étudier, dans l'espace à quatre dimensions, la variété qui figure ε comme fonction de v, η, et x.

IV

Au lieu d'étudier la surface de Gibbs, ε, v, η, on peut étudier une surface qui présente avec elle une correspondance de dualité, en prenant d'autres variables. Le plan tangent en un point M (v, η, ε), à la surface ε a pour équation :

$$v \frac{\partial \varepsilon}{\partial v} + \eta \frac{\partial \varepsilon}{\partial \eta} - \varepsilon + \frac{\partial \varepsilon}{\partial w} = 0,$$

w étant la variable complémentaire, introduite pour l'homogénéité.

Faisons le changement de variables :

$$x = -\frac{\partial \varepsilon}{\partial v} = p$$

$$y = \frac{\partial \varepsilon}{\partial \eta} = t$$

$$z = \frac{\partial \varepsilon}{\partial w} = \varepsilon - t\eta + pv = \chi.$$

(1) Van der Waals. — Sur la représentation graphique des équilibres à l'aide de la fonction ζ (*Archives Neerlandaises*, 2e Série, t. II, p. 68 ; 1889).

Nous aurons la surface donnant le potentiel thermodynamique à pression constante, en fonction de la pression et de la température. On voit qu'à tout point de la surface ε correspond un plan tangent de la surface χ et inversement. A un plan bitangent ou tritangent de la première, répond un point double ou triple de la seconde. La partie de la surface ε que Gibbs appelle surface dérivée correspond dans la surface χ à une courbe suivant laquelle deux nappes se coupent. La projection de cette courbe double sur le plan des p, t, n'est autre que la courbe des tensions de vapeur.

La correspondance entre les surfaces ε et χ peut s'exprimer sous une forme assez simple. La surface polaire réciproque de ε par rapport à une sphère de rayon 1 ayant l'origine pour centre, aurait pour coordonnées homogènes :

$$M' \qquad x' = \frac{\partial \varepsilon}{\partial v}, \quad y' = \frac{\partial \varepsilon}{\partial \eta}, \quad z' = -1, \quad u' = \frac{\partial \varepsilon}{\partial w}.$$

tandis que dans la surface χ, on a pris :

$$M'' \qquad x'' = -\frac{\partial \varepsilon}{\partial v}, \quad y'' = \frac{\partial \varepsilon}{\partial \eta}, \quad z'' = \frac{\partial \varepsilon}{\partial w}, \quad u'' = 1.$$

A part le changement de signe de l'axe des x, il y a entre la surface M'' et la surface M', une modification qui est la simple permutation de z et u ; c'est l'interversion du plan des xy et du plan à l'infini ; c'est une transformation homographique. Ainsi la surface χ est une simple transformée homographique de la polaire réciproque de la surface ε. Ce qui intéresse dans la surface χ, ce sont ses points ou ses lignes multiples.

On peut généraliser cette correspondance, dans le cas de l'espace à quatre dimensions, entre ε, fonction de v, η et x, et la fonction :

$$\omega = \chi - (\mu_1 - \mu_2)\, x$$

donnée comme dépendant de la pression p, de la température t et de la différence de potentiel chimique des deux constituants $\mu_1 - \mu_2$. Cette variété à 3 dimensions (dans l'espace à 4 dimensions), présente des points doubles dont le lieu est une variété à 2 dimensions. Dans l'espace des p, T et $\mu_1 - \mu_2$, ce lieu de points doubles est une surface, ou plutôt une portion de surface limitée, à une nappe. Elle donne les valeurs de p, T et $\mu_1 - \mu_2$ qui correspondent aux phases coexistantes. C'est cette surface qui jouerait, dans le cas des mélanges binaires, le rôle de la courbe des tensions de vapeur dans le cas d'un corps unique.

On verrait d'ailleurs aisément qu'on lui pourrait substituer la surface μ_1, p, T, ou μ_2, p, T.

De même qu'on peut substituer à l'étude de la courbe lieu des points multiples de la surface χ (p, t), l'étude de cette même courbe transportée dans le plan des p, v, ou encore des t, v (on a, dans ce dernier cas, la courbe des volumes spécifiques des fluides saturés en fonction de la température), et qu'alors on a une courbe à deux branches, le volume ayant deux valeurs distinctes pour une valeur unique de la variable pression qui lui correspond; de même, on peut substituer à l'étude de la surface lieu des points multiples de la variété ω $(p, t, \mu_1 - \mu_2)$ dans l'espace à 4 dimensions, l'étude de cette même surface de points doubles ou surface de saturation, dans l'espace des $(v, t, \mu_1 - \mu_2)$, ou mieux encore dans celui des (p, t, x) : et l'on obtient alors une surface à deux nappes, un point unique en $\mu_1 - \mu_2$ correspondant à deux valeurs distinctes de x. C'est cette surface à deux nappes, nappe d'ébullition et nappe de rosée, qu'a très heureusement introduite dans l'étude des mélanges, M. Duhem.

Ainsi, tandis que les surfaces de Van der Waals sont les sections isothermiques de la variété qui généralise, dans l'espace à 4 dimensions, la surface de Gibbs, la surface d'ébullition et de rosée de M. Duhem est, à un changement de variable près entre la variable x et la « tension » correspondante, le lieu des points multiples de la variété à 4 dimensions, inverse de la surface de Gibbs généralisée.

Cette correspondance pourra permettre de déduire de l'un de ces modes de représentation, les propriétés corrélatives de l'autre. La surface de M. Duhem permet d'embrasser, par une figure unique, l'étude de tous les mélanges de deux corps. La méthode de Van der Waals se prête, par le *pli longitudinal*, à une représentation particulièrement simple des phénomènes critiques des mélanges liquides découverts par M. Duclaux.

Nous serons heureux si ce livre rend plus accessible au lecteur français l'étude des représentations géométriques en thermodynamique. Nous estimons, en tous les cas, qu'il y a profit à relire et à méditer les écrits d'un des rares penseurs de notre époque, pour lesquels ne soit pas stérile ce qu'on pourrait appeler le travail purement scolastique du commentateur, en ce sens qu'on a chance de découvrir du nouveau en essayant seulement de mieux pénétrer sa pensée.

BERNARD BRUNHES.

NOTE BIOGRAPHIQUE ET BIBLIOGRAPHIQUE

Sur J. Willard Gibbs.

J. Willard Gibbs est né à New-Haven, le 11 février 1839; il entra à Yale College à l'automne de 1854, et y fut reçu docteur en 1863. Il passa trois ans en Europe, pour étudier la physique à Paris, Berlin et Heidelberg. En 1871, il était nommé professeur de physique mathématique à Yale College et il a occupé ces fonctions sans interruption depuis cette date.

Les publications du professeur Gibbs sont les suivantes :

Graphical methods in the thermodynamics of fluids. *Trans. Conn. Acad.* **2**, (1873), p. 309-342

A method of geometrical representation of the thermodynamic properties of substances by means of surfaces. *Trans. Conn. Acad.* **2** (1873), p. 382-404.

On the equilibrium of heterogeneous substances. *Trans. Conn. Acad.* **3** (1876-1878).

On the vapor densities of peroxide of nitrogen, formic acid, acetic acid, and perchloride of phosphorus. *Am. Jour. Sci.* (3) **18** (1879).

Two letters on « Electrochemical Thermodynamics ». *Reports of British Association for the Advancement of Science*. **1886** and **1888**.

Semipermeable films and osmotic pressure. *Nature*, 18 mars **1897**.

Notes on the electromagnetic theory of light :

I. On double refraction and the dispersion of colors in perfectly transparent media. *Am. Jour. Sci.* (3) **23** (1882).

II. On double refraction in perfectly transparent media which exhibit the phenomena of circular polarization. *Am. Jour. Sci.* (3) **23** (1882).

III. On the general equations of monochromatic light in media of every degree of transparency. *Am. Jour. Sci.* (3) **25** (1883).

« On the velocity of light as determined by Foucault's revolving mirror. *Nature* **32** 582 (1885).

Elements of vector analysis arranged for the use of students in physics (1881).

Multiple algebre. Proceedings American Association for the Advancement of Science (1886). (Discours prononcé comme vice-président de la section de Mathématiques et Astronomie.)

On the Determination of elliptic orbits with three complete observations. (Mem. Nat. Acad. Sci., **4**.)

Lettres au journal *Nature*, nos 43 et 44 (1891) ; no 48 (1893), sur l'analyse des vecteurs, les quaternions et la théorie des dilatations.

PUBLICATIONS TOUTES RÉCENTES

Elementary Principles in Statistical Mechanics (*Yale Bicentennial Publications* : New-York, Charles Scribner's Sons.)

Vector Analysis, a text boot for the use of Students of mathematus and physics : redigé d'après les conférences de J. Willard Gibbs, par Edwin Bidwell Wilson (*Yale Bicentennial publications*).

M. Gibbs a été élu membre de l'Académie nationale des Sciences (Washington) en 1879 ; membre associé de l'Académie américaine des Arts et Sciences (Boston) en 1880 ; membre étranger de la Société hollandaise des Sciences (Haarlem) en 1886 ; correspondant de la Société royale des Sciences (Göttingue) en 1889 ; membre honoraire de la Philosophical Société de Cambridge en 1891 ; membre honoraire de la Société mathématique de Londres en 1892 ; membre étranger de l'Académie royale des Sciences (Amsterdam) en 1892 ; membre étranger de la Société royale de Londres en 1897 ; correspondant de l'Académie des Sciences de Paris en 1900. Il a reçu le grade de docteur honoraire de l'Université d'Erlangen en 1893 ; de docteur honoraire du Williams College la même année, et du Princeton College en 1896. En 1880, la médaille Rumford lui a été attribuée par l'Académie américaine des Arts et Sciences, pour ses recherches de thermodynamique.

Cet ouvrage était à l'impression quand nous avons appris la mort de M. Gibbs, décédé à New-Haven, le 28 avril 1903.

I

MÉTHODES GRAPHIQUES DANS LA THERMODYNAMIQUE DES FLUIDES

(*Transactions of the Connecticut Academy*. Vol. II. Part 2, p. 309-342, 1873)

Les représentations géométriques des lois de la thermodynamique des fluides sont aujourd'hui d'un emploi général, et elles ont rendu de grands services en permettant la diffusion de notions claires de cette science. Cependant, leur extension n'est pas encore en rapport avec la variété et la généralité dont elles sont susceptibles.

Comme méthode graphique générale, pouvant représenter tous les phénomènes réversibles, permettre la démonstration des théorèmes généraux et la solution numérique d'un problème donné, on emploie constamment, dans la pratique courante, les diagrammes qui donnent en coordonnées rectangulaires le volume et la pression. Le but de ce mémoire est d'attirer l'attention sur des diagrammes différents, qui sont supérieurs, dans bien des cas, en clarté et en commodité.

GRANDEURS ET RELATIONS QUE LE DIAGRAMME DOIT REPRÉSENTER.

Nous avons à considérer les grandeurs suivantes :

v le volume
p la pression
t la température (absolue)
ε l'énergie
η l'entropie
} d'un corps donné dans un état quelconque.

ensuite W le travail produit
et H [1] la chaleur absorbée
} par le corps quand il passe d'un état à un autre.

---

[1] Le travail transmis au corps, est généralement regardé comme un

Ces quantités sont soumises aux relations exprimées par les équations différentielles suivantes :

$$dW = \alpha p dv \quad (a)$$

$$d\epsilon = \beta dH - dW \quad (b)$$

$$d\eta = \frac{dH}{t} \text{ (1)} \quad (c)$$

où α et β sont des constantes, qui dépendent des unités servant à mesurer ϵ, p, W et H. Nous pouvons choisir nos unités, de façon que $\alpha = 1$ et $\beta = 1$ (2), et nos équations prennent alors la forme plus simple

$$d\epsilon = dH - dW \quad (1)$$

$$dW = pdv \quad (2)$$

$$dH = td\eta \quad (3)$$

et, en éliminant dW et dH, nous avons :

$$d\epsilon = td\eta - pdv. \quad (4)$$

---

travail négatif fait par le corps ; de même, la chaleur émise par le corps comme une quantité négative de chaleur reçue par lui.

On admet expressément que la température du corps est uniforme et que la pression (ou force expansive) a une même valeur en tous les points et dans toutes les directions. Ce qui exclut, comme on le voit, les phénomènes irréversibles ; le cas des corps solides n'est pas totalement mis de côté, mais la condition d'égalité de pression dans toutes les directions en rend l'emploi très limité et souvent sujet à discussion.

(1) L'équation (a) peut être déduite de simples considérations mécaniques. Les équations (b) et (c) peuvent être considérées comme des définitions de l'énergie et de l'entropie d'un état quelconque du corps, ou plus exactement comme les définitions des différentielles de ϵ et de η. L'existence de fonctions de l'état du corps, qui satisfassent à ces équations différentielles, peut facilement être déduite des deux principes de la thermodynamique. Nous ferons remarquer que le terme entropie est pris ici dans le sens primitif que lui a donné Clausius et non dans celui que lui ont donné le professeur Tait et ses élèves. Cette quantité a été appelée par le professeur Rankine la fonction thermodynamique. (Voir Clausius, *Mecanische Wärmetheorie, Abhandl.*, IX, § 14, ou Pogg. Ann **125**, p. 390, 1865 ; et aussi Rankine, Philos. Trans. **144**, p. 126.)

(2) On peut par exemple choisir comme unité de volume le cube construit sur l'unité de longueur — comme unité de pression, l'unité de force agissant sur une surface ayant l'unité de côté, — comme unité de travail, le travail de l'unité de force agissant suivant l'unité de longueur, — comme unité de chaleur, la chaleur équivalant à l'unité de travail. — Dans ce cas les unités de longueur, de force, aussi bien que de température restent encore arbitraires.

Lorsque l'état du corps est donné, on connaît les grandeurs v, p, t, ε et η ; et il est permis de les appeler les *fonctions de l'état du corps*. Cet état, dans le sens où l'on entend ce mot en thermodynamique est susceptible de deux modifications indépendantes, de telle sorte que trois relations finies existent entre les cinq quantités v, p, t, ε et η ; celles-ci varient avec les substances considérées, mais sont toujours d'accord avec l'équation différentielle (4), Cette équation signifie évidemment que si ε est exprimé en fonction de v et de η, les dérivées partielles de cette fonction par rapport à v et à η sont respectivement $-p$ et t [1].

D'autre part, W et H ne sont pas des fonctions définies de l'état du corps (ou fonction de l'une quelconque des grandeurs v, p, t, ε et η), mais dépendent de toute la série des états par où le corps a pu passer.

PRINCIPE ET PROPRIÉTÉS GÉNÉRALES DU DIAGRAMME

Si, à chaque état particulier que peut prendre le corps, nous faisons correspondre un point déterminé du plan, et cela d'une façon continue ; aux états différant très peu les uns des autres, correspondront des points très rapprochés les uns des autres [2] : ainsi les points qui représentent des volumes égaux forment des lignes que l'on peut appeler lignes de volumes égaux, et ces lignes différeront par la valeur numérique du volume (on pourra ainsi construire la succession des lignes de volume 10, 20, 30, etc.) Nous construirons de la même façon les lignes de pression, de température, d'énergie et d'entropie égales. Ces lignes peuvent être appelées aussi isométriques,

(1) Une équation qui donne ε en fonction de η et de v, ou plus généralement une équation finie entre ε, η et v, pour une quantité définie de fluide, peut être considérée comme l'*équation fondamentale* de ce fluide, et, au moyen des équations (2), (3) et (4), on peut en déduire toutes les propriétés thermodynamiques du fluide (tant qu'il s'agit d'une modification réversible) : l'équation fondamentale donne avec l'équation (4) les trois relations entre v, p, t, ε et η et, celles-ci étant connues, les équations (2) et (3) donnent le travail et la chaleur pour un changement d'état quelconque.

(2) La méthode généralement employée dans les traités de thermodynamique, où l'on emploie des points dont les coordonnées rectangulaires sont proportionnelles au volume et à la pression, est un exemple simple de cette représentation.

isobares [1], isothermiques, isodynamiques et isentropiques [2] en formant dans chaque cas le mot correspondant.

Si, maintenant, nous supposons que l'état du corps change, la série des points correspondant aux états successifs forme une ligne que nous appellerons le *chemin du corps*. L'idée de chemin implique l'idée d'une direction, qui indiquera le sens dans lequel a eu lieu cette série de changements. De plus, pour tout changement d'état de ce genre, il y a, en général, une quantité mesurable de travail accompli W et de chaleur absorbée H que nous appellerons le travail ou la chaleur du chemin [3].

La valeur de ces quantités peut être calculée au moyen des équations (2) et (3).

$$dW = p\,dv$$
$$dH = t\,d\eta$$

ou

$$W = \int p\,dv \qquad (5)$$
$$H = \int t\,d\eta \qquad (6)$$

en conduisant l'intégration du commencement à la fin du chemin. Si la direction du chemin est renversée, W et H changent de signe, mais conservent leur valeur absolue.

Si ces changements d'états forment un cycle, c'est-à-dire si l'état final est le même que l'état initial, le chemin devient

[1] M. Gibbs emploie l'expression « isopiestics » ; nous adoptons le mot « isobares » généralement employé par les auteurs français (Cf. Duhem, Caubet, etc.). BB.

[2] Ces dernières sont habituellement connues sous le nom d'*adiabatiques* donné par Rankine. Mais si nous adoptons l'avis de Clausius, et si nous appelons *entropie* ce que Rankine a appelé la *Fonction thermodynamique*, il paraît naturel de faire un pas de plus et d'appeler les lignes pour lesquelles cette grandeur est constante, des isentropiques.

[3] Il sera commode, pour la concision du langage, de parler de propriétés du diagramme pour désigner les propriétés des états du corps qui lui correspondent. Il ne peut y avoir aucune ambiguïté, si nous disons, le volume et la température d'un point du diagramme, ou le travail et la chaleur d'une ligne, au lieu de volume et température de l'état correspondant à tel point, ou de travail accompli et de chaleur absorbée quand les états du corps correspondent à telle ligne. De même nous pouvons dire, que le corps se déplace le long d'une ligne du diagramme, au lieu de dire qu'il passe par la série des états que cette ligne représente.

alors une courbe fermée, et le travail produit est égal à la chaleur absorbée; cela résulte de l'équation (1) qui donne, par intégration, dans ce cas particulier, $H - W = 0$.

Ce circuit fermé limitera une certaine surface que nous pourrons regarder comme positive ou négative suivant le sens dans lequel son contour a été décrit. La direction correspondant à une valeur positive peut d'ailleurs être choisie arbitrairement. En d'autres termes si x et y sont des coordonnées rectangulaires, la surface peut être aussi bien définie par $\int ydx$ que par $\int xdy$.

Une telle surface peut être partagée en un nombre quelconque de parties : alors le travail correspondant au pourtour de la surface totale correspond au travail obtenu en faisant la somme des travaux accomplis pour les contours de toutes les surfaces partielles. Cela est évident, si l'on remarque que les lignes de séparation des surfaces partielles sont parcourues deux fois en sens inverse dans la sommation des travaux partiels. De même la chaleur absorbée pour la surface totale est égale à la somme des chaleurs absorbées pour les surfaces partielles [1].

Si toutes les dimensions d'un circuit fermé sont infiniment petites, le rapport de la surface enfermée à la chaleur ou au travail correspondant est indépendant de sa forme et de la direction suivant laquelle il a été décrit; ce rapport change seulement avec sa position dans le diagramme. Il est évidemment indépendant du sens dans lequel la surface a été décrite, car si on renverse cette direction, les deux termes du rapport changent également de signe. Pour démontrer que le rapport est indépendant de la forme du circuit, considérons la surface ABCDE partagée par un nombre indéterminé d'isométriques v_1v_1 v_2v_2 correspondant à des volumes qui diffèrent de quantités égales dv et par un nombre également indéterminé d'isobares p_1p_1 p_2p_2 correspondant à des pressions qui diffèrent de dp. La figure tout entière étant infiniment petite, il résulte du

(1) La conception des surfaces considérées comme positives ou négatives rend superflue l'indication du sens dans lequel sont décrits les contours. En effet, les directions des circuits sont déterminées par le signe des surfaces ; et le signe des surfaces partielles doit s'accorder avec celui de la surface dont elles constituent des subdivisions.

principe de continuité que le rapport de la surface intérieure de tous les petits quadrilatères qui divisent la surface, au travail accompli est très approximativement le même pour tous. En conséquence le rapport entre la superficie et le travail accompli pour tous les quadrilatères compris dans la surface donnée est le même ; ce rapport sera désigné par γ. De plus l'aire de la surface ainsi définie est, à un infiniment petit près, la même que celle de la surface tout entière : et le travail produit, mesuré en suivant le contour de la surface donnée diffère infiniment peu de celui qu'on aurait en suivant le contour extérieur des quadrilatères inscrits (équation 5). Donc le rapport entre la surface de la courbe donnée et le travail produit (ou la chaleur absorbée) est le rapport γ qui est indépendant de la forme du circuit.

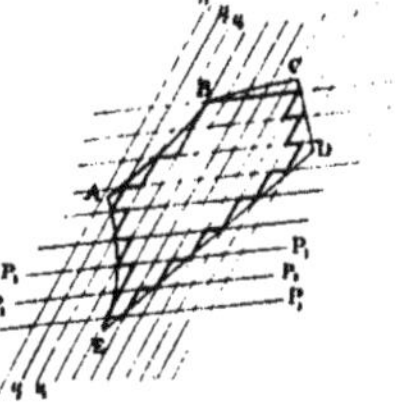

Fig. 2.

Si nous admettons maintenant que le système d'isométriques et d'isobares équidistantes dont nous venons de parler est étendu au diagramme entier, le travail obtenu en suivant le contour d'un quadrilatère élémentaire parcouru dans un sens tel qu'une augmentation de pression précède immédiatement une augmentation de volume, a une valeur constante pour toute l'étendue du diagramme et égale au produit $dv \times dp$, comme on le voit facilement en appliquant l'équation (2) aux quatre côtés d'un quadrilatère. La superficie de ces petits quadrilatères que nous pouvons regarder comme constante dans une région infiniment petite du diagramme peut varier dans l'étendue du diagramme entier ; et elle variera proportionnellement à la valeur de γ qui est égale à l'aire divisée par le produit $dv \times dp$.

Nous imaginerons de la même façon un système d'isentropiques et d'isothermiques formant un diagramme de lignes ayant entre elles des différences égales de $d\eta$ et de dt. Dans ce cas, la chaleur reçue en parcourant un petit quadrilatère (dans un sens tel que l'augmentation de t précède immédiatement celle de η) est égale au produit constant $d\eta \times dt$ comme l'indique l'équation (3) et les valeurs de γ en diverses régions du diagramme seront figurées à un facteur de proportion près par les aires des quadrilatères élémentaires [1].

Cette quantité γ, « le rapport de la superficie d'un circuit infiniment petit à la chaleur absorbée ou au travail accompli correspondant à ce même circuit », nous pourrons l'appeler, l'*échelle* à laquelle la surface représente le travail ou la chaleur ; ou plus simplement *l'échelle du travail et de la chaleur*. Cette échelle peut être constante pour tout le diagramme ou prendre des valeurs différentes. Dans le diagramme employé habituellement, nous avons un exemple du premier cas, car le rapport entre la superficie du circuit et le travail ou la chaleur est

---

(1) La représentation de la valeur de γ au moyen du système d'isométriques et d'isobares ou d'isentropiques et d'isothermiques équidifférentes, telle qu'il a été décrit au-dessus, est conforme à l'esprit de la méthode graphique et simplifie les considérations particulières aux coordonnées. Si on veut avoir une expression analytique de γ basée sur les relations entre les coordonnées rectilignes, et l'état du corps, il est facile de déduire cette expression de la manière suivante, x et y étant les coordonnées rectilignes, et en supposant que le signe d'une surface est donné par l'équation $A = \int y\,dx$, on a

$$\frac{1}{\gamma} = \frac{dv}{dx}\frac{dp}{dy} - \frac{dp}{dx}\frac{dv}{dy} = \frac{d\eta}{dx}\frac{dt}{dy} - \frac{dt}{dx}\frac{d\eta}{dy}$$

où x et y sont regardés comme variables indépendantes ; et

$$\gamma = \frac{dx}{dv}\frac{dy}{dp} - \frac{dy}{dv}\frac{dx}{dp}$$

où v et p sont les variables indépendantes ; ou

$$\frac{1}{\gamma} = \frac{\dfrac{-d^2\varepsilon}{dv\,d\eta}}{\dfrac{dx}{dv}\dfrac{dy}{d\eta} - \dfrac{dy}{dv}\dfrac{dx}{d\eta}}$$

où v t η sont les variables indépendantes.

Ces expressions équivalentes de $\frac{1}{\gamma}$ peuvent être obtenues en divisant la valeur du travail ou de la chaleur pour un circuit infiniment petit par la superficie correspondante. On fera plus commodément cette opération pour un circuit formé de quatre lignes, où l'une des variables indépendantes est constante. Par exemple la dernière formule se calculera facilement au moyen d'un circuit infiniment petit formé de deux isométriques et de deux isentropiques.

toujours constant. Il y a encore d'autres diagrammes qui ont cette propriété, nous les appellerons *Diagrammes à échelle constante.*

Dans tous les cas, nous pouvons considérer l'échelle du travail et de la chaleur pour chaque point du diagramme comme connue, si nous sommes capables de tracer les isométriques et les isobares ou les isentropiques et les isothermiques. Si nous écrivons alors δW et δH pour le travail et la chaleur d'un circuit infinitésimal et δA pour la surface comprise dans ce circuit, les relations entre ces grandeurs deviennent (¹)

$$\delta W = \delta H = \frac{1}{\gamma} \delta A.$$

Nous pourrons trouver la valeur de W et de H pour un circuit de dimensions finies, en supposant que l'aire de ce circuit est divisée en surfaces infiniment petites δA, dans toutes les directions pour lesquelles l'équation donnée plus haut est exacte, et en formant alors la somme de toutes les valeurs de δW ou de δH pour toutes les surfaces δA. En désignant par W^c et H^c le travail et la chaleur du circuit C et par Σ^c le résultat de la sommation ou de l'intégration dans les limites de la surface, nous avons

$$W^c = H^c = \Sigma^c \frac{1}{\gamma} \delta A \qquad (8)$$

Nous avons ainsi une expression de la valeur du travail et de la chaleur d'un circuit par une intégrale de surface, au lieu d'une intégrale de ligne comme l'indiquent les équations (5) et (6).

On trouvera une expression semblable pour le travail et pour la chaleur dans le cas d'un chemin non fermé. Ce cas peut

(¹) Pour éviter toute confusion dW et dH seront employées dans ce mémoire pour exprimer le travail et la chaleur d'un *chemin* infiniment petit; et on écrira δW et δH pour représenter le travail et la chaleur mis en jeu dans un *cycle* infiniment petit. De même δA sera employé pour désigner une surface infiniment petite dans toutes les directions, tandis que la lettre d signifiera qu'il s'agit d'un infiniment petit dans une seule direction. De même encore l'intégration ou la sommation de termes écrits sous le signe δ sera représenté par Σ; et le signe $\int$ se rapportera aux termes écrits sous le signe d.

être ramené au précédent en remarquant qu'en suivant une isométrique ou une ligne de pression nulle $W = 0$ (2) ou qu'en suivant une isentropique ou une ligne de température absolue nulle, $H = 0$. Il en résulte que le travail d'un chemin S est égal à celui d'une courbe fermée, qui, partant des extrémités de S, est formée par la ligne isométrique de l'état final, la ligne de pression nulle et par la ligne isométrique de l'état initial. On peut représenter cette ligne par la notation (S, v'', p^0, v'). La chaleur correspondant à ce chemin sera donnée par le circuit (S, η'', t^0, η'). Si W^s est le travail et H^s la chaleur pour ce chemin, nous avons

$$W^s = \Sigma^{(S v'' p^0 v')} \frac{1}{\gamma} \delta A \tag{9}$$

$$H^s = \Sigma^{(S \eta'' t^0 \eta')} \frac{1}{\gamma} \delta A \tag{10}$$

où, comme plus haut, les limites de l'intégration sont données par les indices des lettres placées sous le signe Σ [1]. Ces équations renferment évidemment comme cas particulier l'équation (8).

---

[1] Il sera bon d'ajouter quelques mots sur le sens dans lequel les propositions précédentes doivent être comprises. Au delà des limites pour lesquelles les relations entre p, v, t, η et ε sont connues, — ce que nous pouvons appeler les limites du champ connu, — si nous prolongeons les isométriques, isobares, etc., d'une façon quelconque, à condition cependant que les relations entre v, p, t, η et ε satisfassent à la relation $d\varepsilon = t\,d\eta - p\,dv$; nous pourrons alors calculer W et H qui sont déterminées par les équations $dW = p\,dv$ et $dH = t\,d\eta$ pour un chemin ou un circuit quelconque pris dans le diagramme ainsi étendu, au moyen des méthodes données plus haut, puisque ces trois équations ont seules formé la base de notre raisonnement. Nous obtiendrons ainsi des valeurs de W et de H qui sont identiques à celles que donnerait l'emploi immédiat des équations $dW = p\,dv$ et $dH = t\,d\eta$ et qui, dans le cas d'un chemin quelconque compris dans le chemin connu, seraient les valeurs exactes du travail et de la chaleur, correspondant au chemin représentant le changement d'état du corps. Nous pouvons alors employer les lignes extérieures au champ connu, sans leur donner une signification physique et sans regarder les points de ces lignes comme représentant des états quelconques du corps. Si, toutefois, pour fixer les idées, nous attribuons arbitrairement à cette partie du diagramme la même signification que dans le champ connu et si nous énonçons nos propositions en langage basé sur cette conception, l'irréalité et parfois l'impossibilité des états que représentent ces lignes extérieures ne peuvent conduire en aucun cas à un résultat inexact, en ce qui concerne les chemins compris à l'intérieur du champ connu.

Il est facile de se représenter clairement ces relations. Nous admettrons par exemple que la surface du diagramme est recouverte d'une masse dont la densité superficielle variable est représentée par $\frac{1}{\gamma}$; il est alors évident que $\frac{1}{\gamma}\ \delta A$ désigne la masse de la partie de la surface comprise dans les limites de l'intégration; à condition de prendre la masse comme positive ou négative suivant le sens du parcours.

Nous n'avons fait jusqu'ici aucune supposition sur la nature de la loi qui relie les points du plan avec l'état du corps, si ce n'est la condition de continuité. Quelque loi que nous adoptions, nous aurons toujours une représentation des propriétés thermodynamiques du corps, où les relations entre les fonctions des états du corps seront représentées par un double réseau de lignes, et où le travail accompli ou la chaleur absorbée par un changement d'état sera donné par une intégration, s'étendant aux éléments correspondants du diagramme, ou, si nous préférons, par la masse appliquée sur cette surface.

Les différents diagrammes que nous obtenons au moyen des diverses lois de correspondance peuvent être déduits les uns des autres par un procédé de déformation; et cette remarque nous suffira pour faire dériver leurs propriétés des propriétés bien connues du diagramme où le volume et la pression sont représentés par des coordonnées rectangulaires. Car les relations données par le réseau d'isométriques, isobares, etc., ne sont évidemment pas modifiées par une déformation de la surface sur laquelle elles sont tracées, et si nous imaginons une masse adhérente à la surface, la masse comprise à l'intérieur de ces lignes ne sera pas influencée par le fait de la déformation. C'est ainsi que, si la surface sur laquelle est dessiné le diagramme habituel est recouverte d'une masse dont la densité superficielle est uniforme et égale à 1, le travail et la chaleur d'un cycle, qui sont dans ce cas représentés par la surface enfermée par ce cycle sont aussi mesurés par la masse comprise à l'intérieur du cycle; et il en résulte qu'il en sera encore ainsi pour tout autre diagramme dérivant du premier par une déformation de la surface sur laquelle il a été dessiné.

Le choix de la méthode de représentation sera évidemment imposé par des considérations de simplicité et de commodité; particulièrement en ce qui concerne le tracé des lignes de volumes égaux, de pressions, de température, d'entropie et d'énergie égales, et la facilité de la mesure du travail et de la chaleur. Il y a un véritable avantage à employer des diagrammes à échelle constante, car alors le travail et la chaleur sont représentés simplement par des surfaces. De semblables diagrammes peuvent d'ailleurs être obtenus par un nombre infini de méthodes, car il n'y a pas de limites dans la possibilité de déformer une figure sans changer sa superficie. Parmi toutes celles-ci, les deux plus importantes sont : d'abord la méthode ordinaire où le volume et la pression sont représentés par des coordonnées rectangulaires ; puis celle où l'on emploie de la même façon l'entropie et la température. Nous appellerons les premiers *Diagrammes pression-volume* et les seconds *Diagrammes entropie-température*. Dans les deux cas, la condition $\gamma = 1$ est satisfaite d'après ce qui a été démontré à la page 23.

COMPARAISON DU DIAGRAMME ENTROPIE-TEMPÉRATURE AVEC LE DIAGRAMME ORDINAIRE

Considérations indépendantes de la nature du corps. — Comme les équations générales (1) (2) (3) ne sont pas altérées par le changement de v, $-p$, $-W$ en η, t, H il est évident qu'il n'y a pas de motif pour choisir au premier abord l'un ou l'autre diagramme. Dans le premier cas, le travail est représenté par la surface limitée par la courbe de changement d'état du corps, deux abscisses et l'axe des ordonnées. Il en sera de même dans le second diagramme pour la chaleur reçue. Mais, par contre, dans le premier diagramme, la chaleur reçue est représentée par une surface qui est limitée par la courbe et par certaines lignes dont le caractère dépend de la nature du corps étudié. Sauf dans le cas d'un corps idéal, dont les propriétés sont déterminées par hypothèse, ces lignes sont plus ou moins inconnues dans une partie du champ ; et il faudrait, en tous les cas, étendre la surface à une distance infinie. Un inconvénient semblable existe pour la représentation du travail dans le diagramme entropie-température [1].

[1] Dans aucun de ces diagrammes ces circonstances ne créent de sérieuses difficultés pour l'évaluation de la surface représentant le travail

Il y a pourtant une considération d'ordre plus général qui montre bien l'avantage du diagramme entropie-température. Dans les problèmes de thermodynamique, la chaleur reçue à une certaine température n'est nullement équivalente à celle qui est reçue à une autre température. Par exemple, une absorption de un million de calories à 150° est quelque chose de tout différent de l'absorption de un million de calories à 50°. Aucune distinction semblable n'existe dans le cas du travail. Cela résulte de la loi générale qui fait que la chaleur ne peut passer que d'un corps chaud à un corps froid, tandis que le

---

ou la chaleur. Il est toujours possible de séparer la surface en deux parties dont l'une a des dimensions finies et l'autre peut être évaluée simplement. Soit, dans un diagramme entropie-température, à évaluer le travail pour le chemin AB (fig. 3), représenté par la surface limitée par la courbe AB, l'isométrique BC, la ligne de pression nulle, et l'isométrique DA. La ligne de pression nulle et les parties voisines des isométriques dans le cas d'un gaz véritable ou d'une vapeur sont plus ou moins indéterminées dans l'état actuel de nos connaissances, et il en sera probablement longtemps ainsi. Pour un gaz parfait, la ligne de pression nulle coïncide avec l'axe des abscisses et c'est une asymptote des isométriques. Mais on peut faire le calcul quand même, car il n'est pas nécessaire de connaître les parties éloignées du diagramme. Traçons une isobare MN qui coupe AD et BC ; la surface MNCD qui représente le travail fait pour MN est égale à $p(v'' - v')$ où p est la pression correspondante à MN, v'' et v' étant les volumes en B et en A (5). Alors le travail obtenu pour le chemin AB sera égal à ABNM + $p(v'' - v')$. Dans le cas du diagramme volume-pression, on limitera la surface représentant la chaleur par une isométrique et on fera le calcul de la même façon.

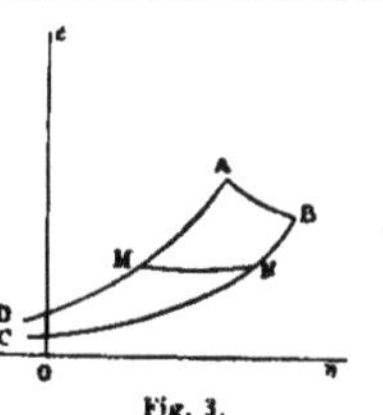

Fig. 3.

Nous pourrons encore nous appuyer sur ce principe, que pour un chemin qui commence et finit sur la même isodynamique, le travail et la chaleur sont des quantités égales, comme il résulte de l'intégration de l'équation (1). Si alors, on veut trouver dans le diagramme entropie-température le travail correspondant à un chemin quelconque, on ajoutera à ce chemin une isométrique (ce qui ne changera pas le travail) de façon qu'il commence et finisse sur la même isodynamique, et cela détermine la chaleur (au lieu du travail) du chemin ainsi prolongé. Cette méthode a été indiquée par Cazin (Théorie élém. des Machines à air chaud, p. II) et Zeuner (Mechan. Wärmetheorie, p. 80) dans le cas d'un phénomène réversible pour mesurer la chaleur en employant le diagramme volume-pression.

travail peut être transmis par des moyens mécaniques d'un fluide à un autre quelle que soit la pression. Il en résulte qu'en général, dans les problèmes de thermodynamique, il est nécessaire de distinguer entre les quantités de chaleur qui ont été absorbées ou dégagées par les corps à des températures variables, tandis que pour le travail, il est en général suffisant d'en connaître la somme. Si alors dans un même problème, on se trouve avoir à représenter par des surfaces la chaleur et le travail, il est évidemment préférable que les surfaces représentant la chaleur soient plus simples comme forme que celles qui représentent le travail. D'ailleurs, dans le cas le plus fréquent d'un cycle fermé, la surface représentant le travail est entièrement limitée par le chemin, et la forme des isométriques et de la ligne de pression nulle ne joue aucun rôle spécial.

Remarquons que l'espèce la plus simple de machine thermique parfaite, telle qu'elle est décrite dans les ouvrages de thermodynamique, sera représentée dans le diagramme entropie-température par une figure d'une extrême simplicité : par un rectangle, dont les côtés sont parallèles aux axes des

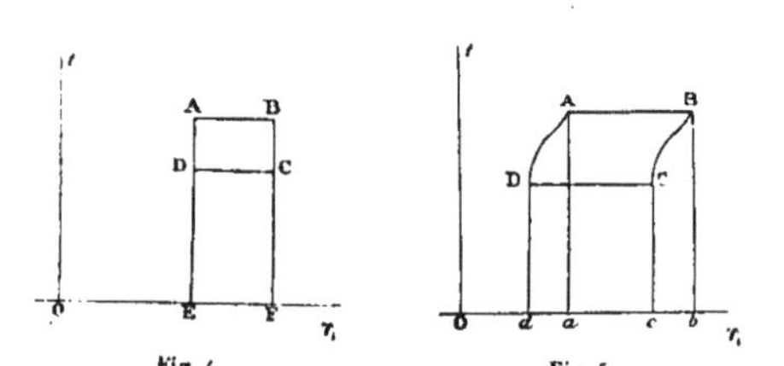

Fig. 4. Fig. 5.

coordonnées. Ainsi dans la figure 4 le cycle ABCD représente la série des états que parcourt un fluide dans une semblable machine et le travail est représenté par la surface enfermée ; tandis que la surface ABFE représente la chaleur reçue de la source chaude à la température la plus élevée AE, et la surface CDEF la chaleur transmise au condenseur à la température plus basse DE.

Il existe une autre forme de machine thermique parfaite, le régénérateur tel que l'a défini Rankine (Phil. Trans. **144**. p. 140) et dont la représentation est particulièrement simple dans le diagramme entropique. Le circuit se compose de deux lignes droites égales AB et CD parallèles aux abscisses et de deux courbes semblables de forme quelconque BC et AD. La surface intérieure représente le travail effectué et les surfaces AB*ba* et CD*dc* la quantité de chaleur reçue de la source chaude et celle qui est abandonnée au réfrigérant. La chaleur cédée par le fluide au régénérateur de B à C et restituée inversement au fluide dans le passage de D à A sont représentés par les surfaces BC*cb* et DA*ad*.

Il est souvent très important de comparer une machine donnée à une machine idéale. Une telle comparaison sera évidemment facilitée par l'emploi d'une méthode où la machine parfaite est représentée par une figure simple.

La méthode où on emploie les coordonnées volume-pression, a certains avantages par le caractère simple et élémentaire des notions sur lesquelles elle est basée, et son analogie avec les données de l'*Indicateur de Watt* a indubitablement contribué à la rendre populaire. D'un autre côté, une méthode mettant en évidence l'entropie dont l'existence même dépend de la seconde loi fondamentale semble au premier abord compliquée et peut rebuter les commençants comme obscure et difficile. Cet inconvénient est, cependant, largement compensé par l'emploi d'une méthode qui rend si clair le second principe de la thermodynamique et en donne une expression si simple et si élémentaire. Le fait que les différents états d'un fluide peuvent être représentés par les différentes positions d'un point sur un plan, que les ordonnées repèrent la température, que la chaleur reçue ou absorbée par le fluide est représentée par une surface, dont les contours sont limités par la ligne de changement d'état du corps, les coordonnées des points extrêmes de cette ligne et l'axe des abscisses ; ce fait, quelque malaisé qu'en soit l'expression par des mots, est un de ceux qui donnent à l'œil une image nette, et qui est pour l'esprit facile à comprendre et à retenir. Ce n'est cependant pas autre chose qu'une représentation géométrique de la deuxième loi de la théorie mécanique de la chaleur dans son application aux fluides, sous une forme excessivement commode à employer et qui permet également, si on le désire, d'obtenir l'expression analytique de la loi. Et s'il s'agit, au point de vue didactique, de familiariser l'étudiant avec la seconde loi de la thermodynamique, l'emploi du diagramme entropie-température sera certainement le meilleur moyen de vulgarisation.

Ces considérations sont d'ailleurs indépendantes de la nature des substances auxquelles on applique la méthode graphique et ont un caractère absolument général. Toutefois, la nature des substances influera sur la forme des courbes tracées dans l'un ou l'autre diagramme. Alors, l'avantage d'une méthode dépendra en grande partie de la facilité avec laquelle ces lignes peuvent être tracées et des particularités du fluide dont on représentera les propriétés au moyen du diagramme ; il est donc désirable de comparer les méthodes dans quelques-unes de leurs plus importantes applications. Nous commencerons par le cas d'un gaz parfait.

Cas des gaz parfaits. — On peut définir comme gaz parfait ou idéal, un gaz tel, que pour une quantité constante de ce gaz, le produit du volume par la pression est proportionnel à la température et dont l'énergie varie également proportionnellement à cette température.

$$pv = at \qquad \text{(A) [1]}$$
$$\varepsilon = ct \qquad \text{(B)}$$

La signification de la constante a est suffisamment indiquée par l'équation (A). Celle de c est rendue plus claire par différenciation de l'équation (B) et comparaison du résultat

$$d\varepsilon = c\,dt$$

avec les équations générales (1) et (2) qui sont :

$$d\varepsilon = dH - dW \; ; \; dW = p\,dv.$$

Si $dv = 0$, $dW = 0$ et $dH = c\,dt$.
on a

$$\left(\frac{dH}{dt}\right)_v = c \text{ [2]} \qquad \text{(C)}$$

(1) Dans ce mémoire toutes les équations numérotées en chiffres arabes se rapportent à des corps quelconques (soumis aux seules conditions d'uniformité de température et de pression) tandis que les équations désignées par de petites capitales se rapportent à des quantités arbitraires de gaz parfaits définis plus haut (naturellement sous les mêmes conditions).

(2) La lettre mise en indice dans la dérivée partielle est employée pour désigner la quantité qui reste constante dans la différenciation.

C'est-à-dire que c est la quantité de chaleur nécessaire pour élever la température du corps de 1° sous volume constant.

Remarquons, que pour différentes masses d'un même gaz a et c sont proportionnels à ces masses, que $\frac{c}{a}$ reste constant et que la valeur de $\frac{c}{a}$ pour les différents gaz varie comme leur chaleur spécifique à volume constant, rapportée à des volumes égaux de ces gaz.

Au moyen des équations (A) et (B) nous pourrons éliminer p et t de l'équation générale.

$$d\varepsilon = td\eta - pdv$$

qui se réduit à :

$$\frac{d\varepsilon}{\varepsilon} = \frac{1}{c}d\eta - \frac{a}{c}\frac{dv}{v}$$

ou, en intégrant :

$$\log\varepsilon = \frac{\eta}{c} - \frac{a}{c}\log v \text{ [1]} \qquad \text{(D)}$$

La constante d'intégration sera nulle si, dans le cas où le volume et l'énergie sont égaux à 1, nous prenons l'entropie égale à 0.

Toutes les autres équations, entre v, p, t, ε et η peuvent être obtenues au moyen des trois équations indépendantes (A), (B) et (D). Éliminons ε entre (B) et (D), nous avons :

$$\eta = a\log v + c\log t + c\log c \qquad \text{(E)}$$

En éliminant v entre (A) et (E), il vient :

$$\eta = (a+c)\log t - a\log p + c\log c + a\log a \qquad \text{(F)}$$

---

[1] Si nous désignons par e la base des logarithmes népériens, l'équation D prend alors la forme

$$\varepsilon = e^{-\frac{\eta}{c}} v^{-\frac{a}{c}}$$

Cette expression peut être regardée comme l'équation thermo-dynamique fondamentale d'un gaz parfait (voir la 1re note, page 18).

Remarquons que, si on choisit une quantité de gaz telle que l'une des quantités a ou c, soit égale à l'unité, l'équation ne perdra rien de sa généralité.

En éliminant t entre (A) et (E), on a :

$$\eta = (a + c) \log v + c \log p + c \log \frac{c}{a} \qquad \text{(G)}$$

Si v est constant, l'équation (E) devient

$$\eta = c \log t + \text{constante}.$$

c'est-à-dire que les isométriques dans le diagramme entropie-température sont des courbes logarithmiques de forme identique, qui se déplacent par un changement de la valeur de v parallèlement à l'axe des η. Si p est constant, l'équation (F) devient

$$\eta = (a + c) \log t + \text{constante}$$

c'est-à-dire que les isobares, dans ce diagramme, ont des propriétés semblables. Cette identité de forme diminue beaucoup le travail s'il s'agit de dessiner un nombre considérable de ces courbes. Car il suffit de découper un carton mince suivant la forme de l'une d'elles, et de s'en servir pour tracer le système de ces lignes.

D'après l'équation (B) on voit que, dans ce diagramme, les isodynamiques sont des lignes droites.

Pour obtenir les isothermiques et les isentropiques dans le diagramme volume-pression, nous ferons respectivement t et η constant dans les équations (A) et (G), qui se réduisent alors aux équations bien connues de ces courbes.

$$pv = \text{constante}$$
$$p^c v^{a+c} = \text{constante}.$$

L'équation des isodynamiques est naturellement la même que celle des isothermiques. Mais aucun de ces systèmes de lignes n'a cette identité de forme, qui rend dans l'autre diagramme les isométriques et les isobares si faciles à construire.

Cas des vapeurs saturées. — Nous étudierons maintenant le cas des corps qui passent de l'état liquide à l'état gazeux. On admet qu'en échauffant ces corps ils se rapprochent de plus en plus des conditions d'un gaz parfait. Si donc on dessine dans le diagramme entropie-température, le système des isométriques, isobares et isodynamiques comme si on avait à faire à un gaz parfait, et en donnant à a et à c des valeurs convenables ces lignes seront les asymptotes des lignes vraies pour la vapeur, et, dans beaucoup de cas, elles n'en différeront pas beaucoup dans la partie du diagramme qui représente la vapeur seule, si ce n'est dans le voisinage des courbes de saturation. Dans le diagramme volume-pression de ce même corps, les isothermiques, isentropiques et isodynamiques construites pour un gaz parfait avec les constantes a et c auront les mêmes rapports avec les vraies isothermiques, etc.

Dans la partie du diagramme qui correspond à un mélange de vapeur et de liquide, les isobares et les isothermiques sont identiques; car la pression est alors déterminée par la température seule. Dans les deux diagrammes que nous comparons, ce seront des droites parallèles à l'axe des abscisses. La forme des isométriques et des isodynamiques dans le diagramme entropie-température, de même que celle des isentropiques et isodynamiques dans le diagramme volume-pression, dépend de la nature du fluide et ne peut pas vraisemblablement être représentée par des équations simples. Mais la propriété de se rapprocher des lignes d'un gaz parfait, rend facile la construction de systèmes de lignes équidifférentes; — chacun de ces systèmes de lignes découpera sur les isothermiques ou les isobares des segments égaux.

Il reste à considérer la partie du diagramme qui représente le corps à l'état entièrement liquide. Le caractère essentiel de cet état est que le volume est à peu près constant, de sorte que les variations de ce volume sont en général inappréciables, si on les représente à la même échelle que les variations du volume à l'état de vapeur, ces variations de volume et les variations des quantités qui en dépendent étant négligeables, à côté des variations du corps considéré à l'état de vapeur.

Si nous les négligeons et si nous admettons que v est constant, voyons ce que deviennent alors les équations générales (1), (2), (3) et (4). Nous avons d'abord

$$dv = 0$$

d'où

$$dW = 0$$

et

$$d\varepsilon = t d\eta.$$

en additionnant :

$$dH = t d\eta,$$

ces quatre équations seront évidemment équivalentes aux trois équations fondamentales (1), (2), (3), combinées avec l'hypothèse faite ici. Pour un liquide, ε au lieu d'être une fonction de v et de η est seulement fonction de η ; de même t est seulement fonction de η, puisque t est la dérivée de ε, c'est-à-dire que la connaissance d'une des trois quantités t, ε et η suffit pour déterminer les deux autres. D'ailleurs, la valeur de v est déterminée sans qu'on ait à s'occuper de t, ε et η, pourvu que v ne sorte pas des les limites compatibles avec l'état liquide, tandis que p n'entre pas dans les équations, c'est-à-dire qu'il peut avoir une valeur quelconque (dans certaines limites), sans influencer les valeurs de t, ε, η ou v. Si le corps subit une modification, tout en restant liquide, la variation de W reste nulle et celle de H est déterminée par les équations entre t, ε et η. Il s'agit alors de représenter les relations entre t, ε, η et H par une méthode graphique. Celle qui emploie le diagramme des volumes et des pressions est absolument inapplicable dans ce cas, v et p étant généralement celles des cinq fonctions qui n'ont aucune relation, ni entre elles, ni avec les trois autres quantités, ni enfin avec les grandeurs W et H ([1]).

Les valeurs de p et de v ne déterminent pas réellement l'état d'un fluide incompressible : celles de t, ε et η restent encore indéterminées, de sorte que par chaque point du diagramme volume pression, qui représente le liquide, on peut mener (en général) un nombre indéfini d'isothermiques, d'isobares et d'isodynamiques. La caractéristique de cette partie du diagramme est que les états du liquide sont représentés par des droites parallèles à l'axe des pressions, et les isothermiques, isodynamiques et isentropiques qui traversent le champ de vaporisation partielle en atteignant ces droites se recourbent vers le haut et continuent leur chemin ([2]).

([1]) Cela signifie que v et p n'ont aucune relation exprimable par une équation avec les autres grandeurs ; cependant p ne peut être moindre qu'une certaine fonction de t.

([2]) Toutes ces difficultés sont naturellement aplanies, si les variations de volume du liquide avec la température sont rendues apparentes dans le diagramme volume-pression. On peut y arriver de différentes façons ;

Dans le diagramme entropie-température, les quantités t, ε et η sont au contraire faciles à représenter. La ligne de l'état liquide est une courbe AB (fig. 6) déterminée par la relation entre t et η. Cette courbe est une isométrique. Chacun de ses points correspond à une valeur déterminée du volume, de la température et de l'énergie. Cette dernière quantité est indiquée par les isodynamiques $E_1 E_1$, $E_2 E_2$, etc., qui traversent la région de vaporisation partielle et se terminent à la ligne de liquéfaction. (Dans ce diagramme, elles ne se recourbent pas pour continuer leur route.) Si le corps passe d'un état à un autre en demeurant liquide, par exemple de M à N sur la figure, la chaleur est alors représentée comme toujours par la surface MNnm. Ici, le travail produit est nul; cela résulte de ce que la ligne AB est une isométrique. Seulement, dans ce diagramme, les isobares se confondent avec la ligne de liquéfaction; quand elles atteignent cette ligne, elles se tournent vers le bas et continuent leur chemin : de sorte que, pour chaque point de cette ligne, la pression est indéterminée. Mais cela n'a aucun inconvénient, c'est la simple expression de ce fait que, dans ce cas, si toutes les quantités v, t, ε et η sont données, la pression ne l'est pas.

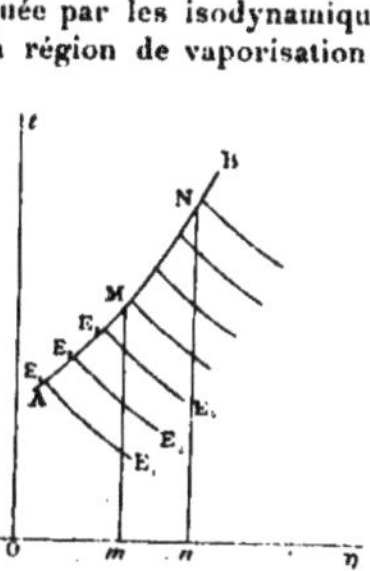

Fig. 6.

Diagrammes où les isométriques, isobares, isothermiques, isodynamiques et isentropiques sont des lignes droites pour un gaz parfait.

Dans beaucoup de cas, il est important que les lignes d'égal volume, d'égale pression, température, énergie et entropie soient faciles à dessiner, et que le travail ou la cha-

entre autres par le choix d'une quantité suffisamment grande de liquide pour que les variations de v soient sensibles. Mais on se trouve alors dans l'impossibilité de représenter sur le même diagramme le corps à l'état de vapeur, sans en augmenter démesurément les dimensions.

leur soient représentés d'une façon simple. Il peut être alors avantageux d'abandonner la condition, que l'échelle (γ) du travail et de la chaleur soit constante, s'il devient possible d'arriver ainsi à une plus grande simplicité de forme des lignes dont il s'agit.

Pour un gaz parfait, les trois relations entre les quantités v, p, t, ε et η sont données par les équations (A), (B) et (D). Ces équations se transforment facilement en :

$$\log p + \log v - \log t = \log a \qquad \text{(H)}$$

$$\log \varepsilon - \log t = \log c \qquad \text{(I)}$$

$$\eta - c \log \varepsilon - a \log v = 0 \qquad \text{(J)}$$

de sorte qu'on a entre les grandeurs $\log v$, $\log p$, $\log t$, $\log \varepsilon$ et η, trois relations qui sont des équations linéaires. Il est alors facile de représenter les cinq systèmes de lignes dans le même diagramme par des droites ; les distances des isométriques étant proportionnelles aux différences des logarithmes des volumes ; celles des isobares étant proportionnelles aux différences des logarithmes des pressions ; il en sera de même pour les isentropiques et les isodynamiques, tandis que les distances des isentropiques sont simplement proportionnelles aux différences de l'entropie elle-même.

Dans un tel diagramme, l'échelle γ varie proportionnellement à l'inverse de la température. Si nous imaginons, en effet, un système d'isentropiques et d'isothermiques, construit de cette façon, pour de petites variations égales de température et d'entropie, les isentropiques seront équidistantes, tandis que les distances des isothermiques seront inversement proportionnelles à la température, et le rapport des aires des petits quadrilatères qui partagent le diagramme c'est-à-dire le rapport des valeurs de γ, sera égal au rapport des valeurs de $\frac{1}{t}$.

Nous n'avons pas encore défini complètement jusqu'ici la forme du diagramme. On peut y arriver de différentes façons. Soient, par exemple, x et y, des coordonnées rectilignes : nous pourrons écrire.

$$\begin{cases} x = \log v \\ y = \log p \end{cases} \quad \text{ou} \quad \begin{cases} x = \eta \\ y = \log t \end{cases} \quad \text{ou} \quad \begin{cases} x = \log v \\ y = \eta \end{cases} \quad \text{etc.}$$

Nous pouvons nous imposer la condition que, dans le diagramme, les logarithmes du volume, de la pression et de la température soient représentés à la même échelle. (Les logarithmes de l'énergie seront nécessairement à la même échelle que ceux de la température.) Cela exige que les isométriques, isobares et isothermiques se coupent les unes les autres à 60°.

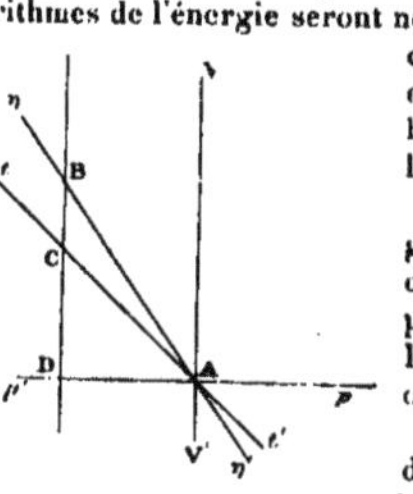

Fig. 7.

Le caractère général de ces diagrammes est qu'ils peuvent être dérivés les uns des autres par une projection au moyen de parallèles. Prenons comme exemple le cas où $x = \log. v$ et $y = \log. p$.

Traçons par un point A de ce diagramme l'isométrique vv', l'isobare pp', l'isothermique tt', l'isentropique $\eta_1\eta_1'$. Les lignes pp' et vv' sont naturellement des droites parallèles aux axes.

On déduit de l'équation (H)

$$\operatorname{tang} t\mathrm{A}p = \left(\frac{dy}{dx}\right) = \left(\frac{d\log p}{d\log v}\right)_t = -1$$

et de l'équation (G) :

$$\operatorname{tang} \eta_1\mathrm{A}p = \left(\frac{dy}{dx}\right)_{\eta_1} = \left(\frac{d\log p}{d\log v}\right)_{\eta_1} = -\frac{c+a}{c}.$$

On montrera de même que pour une autre isométrique qui coupe $\eta_1\eta_1'$, tt' et pp' en B, C et D, on a

$$\frac{\mathrm{BD}}{\mathrm{CD}} = \frac{c+a}{c}, \quad \frac{\mathrm{BC}}{\mathrm{BD}} = \frac{a}{c}, \quad \frac{\mathrm{CD}}{\mathrm{BC}} = \frac{c}{a}.$$

Il en résulte que, dans ce diagramme, pour différents gaz le rapport $\frac{\mathrm{CD}}{\mathrm{BC}}$ est proportionnel à la chaleur spécifique à volume constant de ces gaz.

Mais comme la chaleur spécifique mesurée de cette façon a vraisemblablement la même valeur pour la plupart des gaz, les isentropiques auront la même inclinaison pour tous ces gaz. Cette inclinaison peut être facilement calculée par une méthode indépendante des unités de mesure. On a en effet :

$$\frac{BC}{CD} = \left(\frac{d \log p}{d \log v}\right)_{\tau_1} : \left(\frac{d \log p}{d \log v}\right)_t = \left(\frac{dp}{dv}\right)_{\tau_1} : \left(\frac{dp}{dv}\right)_t$$

c'est-à-dire que $\frac{BD}{CD}$ est égal au coefficient d'élasticité adiabatique, divisé par le coefficient d'élasticité isothermique. Ce quotient est égal pour les gaz simples à 1,408 ou 1,421. Puisque $\frac{CA}{CD} = \sqrt{2} = 1,414$, il s'ensuit que pour un gaz simple BD est à peu près égal à CA ; c'est une relation qui peut être employée dans la construction du diagramme.

Quant aux gaz composés, la loi semble être que la chaleur spécifique (à volume constant et rapportée à des volumes égaux) est à celle d'un gaz simple dans le rapport inverse du volume du gaz composé au volume des constituants (considérés à l'état gazeux), c'est-à-dire que la valeur de $\frac{BC}{CD}$ pour un gaz composé est à celle de $\frac{BC}{CD}$ pour un gaz simple dans le rapport même du volume des composés au volume des constituants. Si nous comparons les diagrammes (construits d'après cette méthode) pour un gaz simple et pour un gaz composé, tels que la distance DA et par conséquent CD soit égale dans les deux cas ; la valeur de BC dans le diagramme du gaz composé sera à BC dans le diagramme du gaz simple dans le rapport du volume du composé au volume de ses constituants.

Quoique l'inclinaison des isentropiques soit indépendante de la quantité de gaz considéré, le taux de l'accroissement de τ_1 variera avec cette quantité. Quant au taux de l'accroissement de t, il est évident que si le diagramme tout entier est partagé en quadrilatères par les isobares et isométriques équidistantes, et si l'on trace les isothermiques qui sont les diagonales de ces quadrilatères : les volumes représentés par les isométriques, les pressions des isobares et les températures des isothermiques formeront des progressions géométriques et la raison de toutes ces progressions sera la même.

Les propriétés des diagrammes obtenus par les autres méthodes mentionnées à la page 37, ne diffèrent pas essentiellement de ce qui vient d'être dit. Si par exemple, dans un de ces diagrammes, nous menons par un point quelconque une isentropique, une isothermique et une isobare et que celles-ci coupent une isométrique qui ne passe pas par ce point, le rapport des segments de l'isométrique aura la valeur que nous avons trouvée plus haut pour $\frac{BC}{CD}$.

S'il s'agit d'une vapeur, il peut être commode d'employer le diagramme où $x = \log v$ et $y = \log p.$, ou encore celui où $x = \eta$ et $y = \log. t$; mais les diagrammes tracés d'après ces méthodes diffèrent radicalement l'un de l'autre. Remarquons que ces deux méthodes, que nous pouvons appeler *Méthodes à échelle définie* pour le travail et la chaleur, car γ est dans tout le diagramme indépendant des propriétés du fluide étudié donnent un diagramme où la valeur de γ est $\frac{1}{e^x + y}$ dans la première méthode, et dans la seconde $\frac{1}{e^y}$. A ce point de vue elles ont un grand avantage sur les autres. Si nous faisions, par exemple $x = \log v$; $y = \eta$, alors la valeur de γ dans certaines parties du champ dépendrait des propriétés du fluide ; et dans aucun cas, si ce n'est celui du gaz parfait, elle ne varierait suivant une loi simple.

Les avantages de la méthode entropie-température se retrouvent à peu près au même degré dans celle où les coordonnées sont l'entropie et le logarithme de la température. La détermination de la chaleur et du travail dans cette dernière méthode n'est pas rendue plus difficile par la variation de l'échelle à laquelle ils sont représentés, car cette variation se fait suivant une loi simple. Il est utile de se rappeler alors, qu'un tel diagramme peut être ramené au diagramme entropie-température par une compression verticale ou une extension, dans le sens vertical, telle que les distances des isothermiques deviennent proportionnelles aux différences de température. Ainsi, si on désire connaître le travail ou la chaleur du circuit ABCD (fig. 8) on peut mener un nombre d'ordonnées équidistantes (isentropiques), comme pour mesurer l'aire du cycle fermé, et pour chaque ordonnée mesurer la différence des températures aux points où elle coupe le circuit. Ces différences de température seront égales aux longueurs des segments que forme le circuit correspondant dans le diagramme entropie-température, sur un système correspondant d'ordonnées équidistantes et peuvent être employées pour calculer la surface du circuit dans le diagramme entropie-température, c'est-à-dire le travail ou la chaleur cherchée. Nous pourrons calculer le travail d'un chemin par l'application du même procédé à un circuit, formé par ce chemin, l'isométrique de l'état final, la ligne de pression nulle (ou une isobare d'après la remarque de la page 27) et l'isométrique de l'état initial. Nous pourrons ainsi trouver la chaleur d'un chemin par l'application de la même méthode à un circuit formé par le chemin, l'ordonnée du point finale, la ligne de température absolue nulle. Le fait que cette ligne est à une distance infinie ne constitue aucune difficulté. Les longueurs des ordonnées dans le diagramme entropie-température, dont nous avons besoin, sont données par les températures de points, qui seront déterminés (dans les deux diagrammes) par des ordonnées équidistantes.

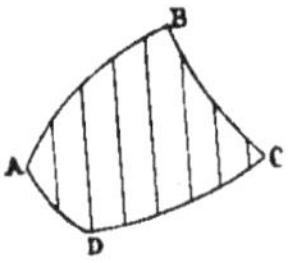

Fig. 8.

Les propriétés de la partie du diagramme entropie-température, indiquées à la page 33, qui correspondent à un mélange de vapeur et de liquide, ne seront évidemment pas altérées, si les ordonnées des températures sont proportionnelles aux logarithmes de ces quantités au lieu d'être proportionnelles aux températures elles-mêmes.

La représentation de la chaleur spécifique dans le diagramme en question est particulièrement simple. La chaleur spécifique d'une substance à volume constant ou à pression constante peut être représentée, pour une quantité donnée de substance par la valeur de

$$\left(\frac{dH}{dt}\right)_v \text{ ou } \left(\frac{dH}{dt}\right)_p \text{ c'est-à-dire } \left(\frac{d\eta}{d\log t}\right)_v \text{ ou } \left(\frac{d\eta}{d\log t}\right)_p$$

Si nous figurons un diagramme dans lequel $x = \eta$ et $y = \log t$ pour la quantité de substance qui a été employée dans la mesure de la chaleur spécifique ; les tangentes des angles que forment les isométriques et les isobares avec les ordonnées du diagramme sont respectivement égales à la chaleur spécifique à volume constant et à pression constante.

Dans certains cas, au lieu des conditions de volume ou de pression constantes, on peut dans la recherche de la chaleur spécifique s'en donner d'autres. Dans tous les cas, ces conditions sont représentées par une ligne dans le diagramme, et la tangente de l'angle que fait cette ligne avec les ordonnées sera égale à la chaleur spécifique ainsi définie. Si le diagramme a été construit avec une autre quantité de substance, la chaleur spécifique, dans quelque condition que ce soit, sera alors la valeur de la tangente correspondante dans ce diagramme, multipliée par le rapport de la quantité de substance pour laquelle on veut la déterminer à la quantité pour laquelle le diagramme a été construit [1].

LE DIAGRAMME VOLUME-ENTROPIE

La méthode de représentation dans laquelle les coordonnées des points du diagramme sont égales au volume et à l'entropie présente certaines propriétés caractéristiques qui méritent un examen quelque peu détaillé ; dans certains cas, elle a un avantage essentiel sur les autres. Nous pouvons anticiper un peu et dire immédiatement que ces avantages résultent de la simplicité et de la forme symétrique que prennent les équations générales de la thermodynamique, si le volume et l'entropie sont pris comme variables indépendantes [2] ; on a notamment :

$$p = -\frac{d\varepsilon}{dv} \tag{11}$$

$$t = \frac{d\varepsilon}{d\eta} \tag{12}$$

$$dW = p\,dv$$

$$dH = t\,d\eta$$

(1) De cette propriété générale du diagramme, on peut immédiatement déduire le caractère qu'il présente dans le cas des gaz parfaits.

(2) Voir page 18 (Équations (2), (3) et (4). En général, dans ce mémoire, pour les dérivées partielles, celles des grandeurs qui restent constantes, sont inscrites en indice. Dans cette discussion sur le diagramme volume-entropie, comme v et η sont toujours les variables indépendantes, nous nous dispenserons de cet indice.

Si nous éliminons p et t, nous avons :

$$dW = -\frac{d\varepsilon}{dv}\,dv \qquad (13)$$

$$dH = \frac{d\varepsilon}{d\eta}\,d\eta \qquad (14)$$

Les relations géométriques que ces équations représentent, sont extraordinairement simples dans le diagramme volume-entropie. Pour fixer les idées, soient un axe des volumes horizontal et un axe des entropies vertical; de telle sorte que le volume croît en allant à droite et l'entropie en allant vers le haut. La pression prise négativement sera égale au rapport de la différence d'énergie à la différence de volume entre deux points voisins sur une même horizontale, et la température sera égale au rapport de la différence d'énergie à la différence d'entropie pour deux points voisins sur une même verticale. Ou encore, si on a tracé une série d'isodynamiques pour des différences d'énergie égales et infiniment petites, alors toute série d'horizontales est divisée en segments qui sont inversement proportionnels à la pression, et toute série de droites perpendiculaires en segments inversement proportionnels à la température. Nous voyons par les équations (13) et (14) que pour un mouvement parallèle à l'axe des volumes, la chaleur reçue est nulle, et que le travail est égal à la diminution d'énergie, tandis que dans un mouvement parallèle à l'axe de l'entropie, le travail produit est nul, et la chaleur reçue, égale à l'augmentation de l'énergie. Ces deux propositions sont vraies aussi bien pour un chemin de dimensions finies que pour un chemin infiniment petit. En général, le travail pour chaque élément d'un chemin est égal au produit de la pression dans cette partie du diagramme par la projection horizontale de l'élément considéré, et la chaleur reçue est proportionnelle au produit de la température par la projection verticale du chemin.

Si on veut rechercher les valeurs de $\int pdv$ ou de $\int td\eta$ qui représentent le travail et la chaleur d'un chemin, par une mesure effective sur le diagramme, ou si on veut déterminer rapidement leur valeur approximative, ou si on veut seulement se rendre compte de leur signification : dans chacun de ces cas, le diagramme en question présente l'avantage que les différentielles de v et de η sont représentées d'une manière plus simple et plus claire.

Mais nous pouvons aussi mesurer le travail et la chaleur d'un chemin par l'intégration correspondant à une surface en employant les formules de la page 24 :

$$W^c = H^c = \Sigma^c \frac{1}{\gamma} \delta A$$

$$W^s = \Sigma^{(s, v'', p^0, v')} \frac{1}{\gamma} \delta A$$

$$H^s = \Sigma^{(s, \eta'', t^0, \eta')} \frac{1}{\gamma} \delta A .$$

Quant aux limites d'intégration de ces formules, nous voyons que pour le travail d'un chemin qui ne forme pas un circuit fermé, elles sont formées par le chemin, la ligne de pression nulle et deux verticales — et pour la chaleur, la limite se compose du chemin, de la ligne de température nulle et de deux horizontales.

Le signe de γ est indéterminé de même que celui de δA, tant que l'on n'a pas décidé dans quelle direction la surface doit être contournée pour avoir une valeur positive. Nous appellerons surface positive une surface telle qu'elle soit contournée dans le sens des aiguilles d'une montre. Ce choix, comme nous le verrons plus tard, combiné avec la position des axes du volume et de l'entropie déjà déterminée, conduira, dans la plupart des cas, au signe + pour γ.

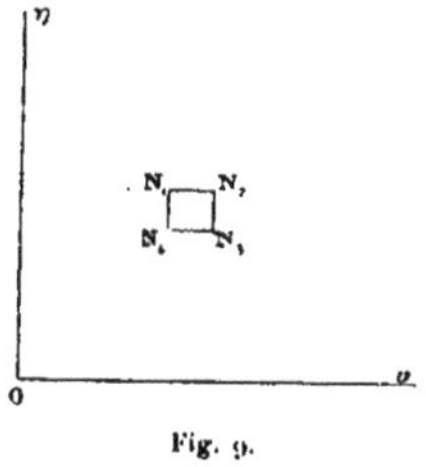

Fig. 9.

La valeur de γ dépend, dans un diagramme construit par cette méthode, des propriétés du corps dont il s'agit. Sous ce rapport, la méthode diffère de celles qui ont déjà été étudiées. Il est facile de trouver une expression de γ qui ne dépende que de la variation de l'énergie, en comparant la superficie avec le travail ou la chaleur pour un cycle infiniment petit formé de côtés rectangulaires et parallèles aux axes.

Soient N_1 N_2 N_3 N_4 (fig. 9), un pareil cycle décrit dans le sens de la série des chiffres, de telle sorte que sa surface soit positive. Soient ε_1, ε_2, ε_3, ε_4 l'énergie aux quatre coins. Le travail effectué en parcourant les quatre côtés et en commençant par N_1 est égal à $\varepsilon_1 - \varepsilon_2$, o, $\varepsilon_3 - \varepsilon_4$, o. Le travail total pour le circuit rectangulaire est alors

$$\varepsilon_1 - \varepsilon_2 + \varepsilon_3 - \varepsilon_4.$$

Mais comme le rectangle est infiniment petit, si nous appelons dv et $d\eta$ les côtés, l'expression ci-dessus est équivalente à

$$-\frac{d^2\varepsilon}{dv\,d\eta}\,dv\,d\eta$$

Si nous divisons par la surface $dv\,d\eta$ et si nous désignons par $\gamma_{v\eta}$ l'échelle de ce diagramme, nous avons

$$\frac{1}{\gamma_{v\eta}} = -\frac{d^2\varepsilon}{dv\,d\eta} = \frac{dp}{d\eta} = -\frac{dt}{dv} \qquad (15)$$

Les deux dernières expressions montrent que les valeurs de $\gamma_{v\eta}$ dans les différentes parties du diagramme sont proportionnelles aux segments interceptés sur les lignes verticales, par une famille d'isobares équidistantes, et sur les lignes horizontales par une famille d'isothermiques également équidistantes. Ces résultats peuvent être obtenus immédiatement au moyen des propositions de la page 18.

Comme dans presque tous les cas, la pression du corps augmente, s'il reçoit de la chaleur sans augmenter de volume, $\frac{dp}{d\eta}$ est en général positif et il est même de $\gamma_{v\eta}$ en admettant les conventions que nous avons faites pour la direction des axes et la direction d'une surface positive.

Pour la détermination du travail et de la chaleur, il est souvent utile de réduire le diagramme à un autre à échelle constante. Si l'on déforme ce diagramme de telle sorte que tout point reste sur la même verticale, mais se meut sur cette ligne de façon que toutes les isobares deviennent droites et horizontales et prennent des distances proportionnelles aux différences de pression, on retombe alors sur le diagramme volume-pression. Mais si l'on déforme le diagramme, de façon que chaque point reste sur la même horizontale et se meuve sur cette ligne de manière que les isothermiques deviennent des droites verticales et que leurs distances soient proportionnelles aux différences de température, on retombe sur le diagramme entropie-température. Ces considérations nous permettent de calculer le travail et la chaleur d'un chemin donné dans le diagramme volume-entropie, si la pression et la température sont connues pour chaque point, d'une manière analogue à ce qui a été expliqué page 41.

Le rapport d'un élément de surface dans les diagrammes volume-pression ou entropie-température ou dans tout autre, dans lequel l'échelle est égale à 1, à l'élément correspondant dans le diagramme volume-entropie, est représentée par $\frac{1}{t_{v\eta}}$ ou $-\frac{d^2\varepsilon}{dv d\eta}$. Les cas où ce rapport devient nul ou change de signe, présentent un intérêt spécial. Dans ces cas, en effet, le diagramme à échelle constante ne suffit pas pour représenter d'une façon suffisante les propriétés du corps, tandis qu'il n'y a aucune difficulté ni incommodité dans l'emploi du diagramme volume-entropie.

Comme $-\frac{d^2\varepsilon}{dv d\eta} = \frac{dp}{d\eta}$, sa valeur est évidemment nulle dans la partie du diagramme qui représente le corps en partie solide, en partie liquide et en partie à l'état de vapeur. Les propriétés d'un tel mélange sont représentées très clairement et très simplement dans le diagramme volume-entropie.

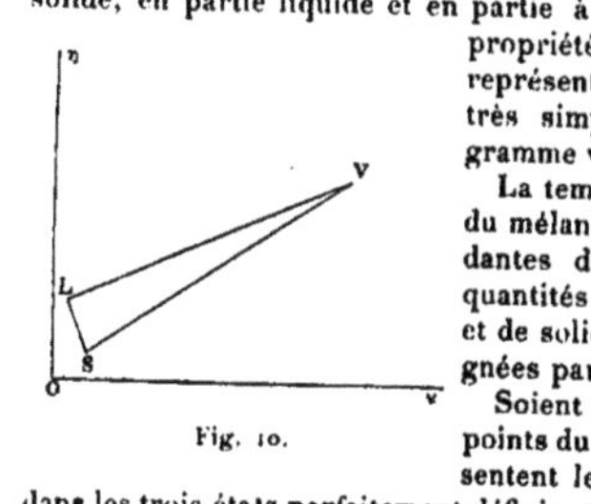

Fig. 10.

La température et la pression du mélange, qui sont indépendantes du rapport entre les quantités de vapeur, de liquide et de solide peuvent être désignées par t' et p'.

Soient V, L et S (fig. 10) des points du diagramme qui représentent le volume et l'entropie dans les trois états parfaitement définis, tous à la même température t' et à la même pression p'.

Enfin soient V_V, η_V, V_L, η_L, V_S, η_S le volume et l'entropie pour chacun de ces états. La position du point qui représente le corps, si une partie μ est à l'état de vapeur, ν à l'état liquide et $1 - \mu - \nu$ à l'état solide, est donnée par les équations :

$$V = \mu V_v + \nu V_L + (1 - \mu - \nu) V_S ;$$
$$\eta = \mu \eta_v + \nu \eta_L + (1 - \mu - \nu) \eta_S ;$$

où v et η sont le volume et l'entropie du mélange. L'exactitude de la première équation est évidente. La seconde peut s'écrire

$$\eta - \eta_S = \mu (\eta_V - \eta_S) + \nu (\eta_L - \eta_S),$$

et en multipliant par t'

$$t' (\eta - \eta_S) = \mu t' (\eta_V - \eta_{\ }) + \nu (\eta_L - \eta_S).$$

Le premier terme de l'équation représente la quantité de chaleur nécessaire pour amener le corps, de l'état S à l'état du mélange en question, à la température t', tandis que le second terme indique les quantités de chaleur qui sont nécessaires pour vaporiser la partie μ et liquéfier la partie ν du corps.

Les valeurs de v et de η sont les valeurs que donnerait la recherche du centre de gravité des masses μ, ν et $1 - \mu - \nu$, si elles étaient placées aux points V, L et S (1). Donc la partie du diagramme qui correspond au mélange de vapeur, de liquide et de solide est le triangle VLS. La pression et la température sont constantes pour ce triangle, c'est-à-dire qu'une isobare et une isothermique s'étendent et constituent une surface. Les isodynamiques sont droites et équidistantes pour des différences égales d'énergie. Car $\frac{d\varepsilon}{dv} = -p'$ et $\frac{d\varepsilon}{d\eta} = t'$ sont constantes dans le triangle tout entier.

Ce cas ne peut être représenté que très imparfaitement dans les diagrammes volume-pression et entropie-température. Car tous les points d'une même verticale à l'intérieur d'un triangle

---

(1) Ces points ne seront pas en ligne droite sauf le cas où

$$t' (\eta_V - \eta_S) : t' (\eta_L - \eta_{\ }) = (V_v - V_S) : (V_L - V_S)$$

condition difficilement réalisable pour un corps quelconque. Les deux premiers termes de cette proposition représentent la chaleur de vaporisation (à partir de l'état solide) et la chaleur de fusion.

VLS seront représentés par un point unique dans le diagramme volume-pression comme ayant même volume et même pression. Tous les points d'une même horizontale deviendront un point unique dans le diagramme entropie-température comme ayant même entropie et même température. Dans chacun de ces diagrammes, le triangle se réduira à une droite. Dans tous les diagrammes à échelle constante, le triangle se réduira à une ligne, car sa surface dans un pareil diagramme doit être nulle. Cela peut être regardé comme un grave défaut, puisque des états tout différents y sont représentés par un même point. En conséquence, un cycle pris à l'intérieur du triangle VLS sera représenté dans un diagramme à échelle constante par deux chemins confondus et de direction opposée, de telle sorte que si le corps change d'état et revient, par des transformations inverses, à son état initial, il semble revenir en arrière par la série des mêmes états. Il est vrai que ce cycle présente une particularité analogue à ce couple de modifications inverses : on a aussi $W = H = 0$, c'est-à-dire qu'il ne comporte aucune transformation de chaleur en travail. Il n'en est pas moins vrai que ce cas où l'on peut avoir un cycle fermé sans transformation de chaleur en travail, mérite une représentation particulière.

Un corps peut avoir des propriétés telles que $\frac{1}{\gamma v_\eta}$, c'est-à-dire $\frac{dp}{d\eta}$ soit positif, dans une partie du diagramme volume-entropie, et négatif dans une autre. Ces deux régions du diagramme peuvent être séparées par une ligne telle que $\frac{dp}{d\eta} = 0$, ou telle que $\frac{dp}{d\eta}$ passe brusquement d'une valeur positive à une valeur négative [1]. Ces régions pourraient même être séparées par une surface dans laquelle $\frac{dp}{d\eta} = 0$.

La représentation de ces cas dans un diagramme à échelle constante, présente les difficultés suivantes : admettons que, à

(1) La ligne qui représente les différents états de l'eau près de son maximum de densité pour des pressions variables est un exemple du premier cas. Une substance qui n'a, à l'état liquide, aucun maximum de densité, mais se dilate par solidification est un exemple du second cas.

droite de la ligne LL (fig. 11), dans le diagramme volume entropie, $\frac{dp}{d\eta}$ soit positif et qu'il soit négatif à gauche. Si alors, nous décrivons un circuit quelconque ABCD dans le sens des aiguilles d'une montre, la chaleur et le travail seront positifs.

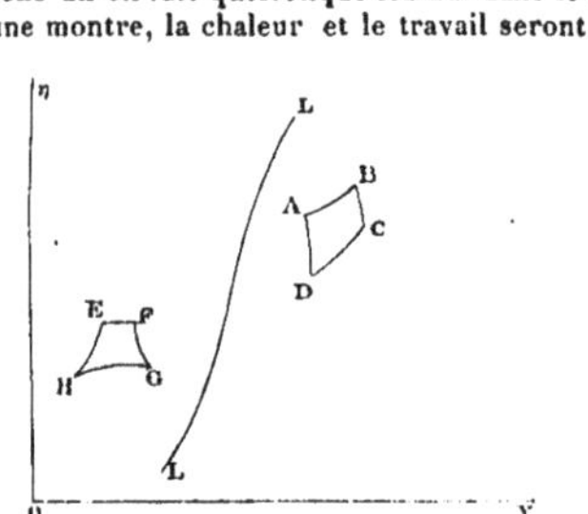

Fig. 11.

Mais si nous décrivons un circuit EFGH à gauche dans la même direction, le travail et la chaleur seront négatifs. Car nous avons :

$$W = H = \sum \frac{1}{\gamma_{v\eta}} \delta A = \sum \frac{dp}{d\eta} \delta A,$$

et, par suite de la direction suivie, les surfaces des deux circuits sont positives dans les deux cas. Si, maintenant, nous transformons ce diagramme en un autre à échelle constante, les surfaces des circuits qui doivent être proportionnelles au travail accompli dans les deux cas, ont nécessairement des signes contraires, c'est-à-dire que le sens de parcours des contours doit être opposé. Nous admettons que le travail accompli dans le diagramme à échelle constante est positif, si la direction de parcours du circuit est celle des aiguilles d'une montre. Nous avons bien alors dans ce diagramme cette direction pour le circuit ABCD, mais la direction est en sens contraire pour le circuit EFGH, comme le montre la figure 12. Si, maintenant, nous imaginons un nombre indéfini de circuits de chaque côté de la ligne LL dans le diagramme volume-entropie, il est clair que, pour transformer un tel diagramme en un autre à échelle constante, il faudra changer la direction de tous les circuits situés d'un côté de L et pas de l'autre côté; le diagramme devra être plié le long de la ligne LL. Dans ce cas, les points situés d'un certain côté de la ligne LL, dans le diagramme à échelle constante, ne représentent absolument aucun état du corps, tandis que, de l'autre côté, depuis la limite formée par la ligne jusqu'à une certaine distance, chaque point correspond à deux états du corps qui, dans le diagramme volume-entropie, se trouvent sur les côtés opposés de la ligne. Nous avons ainsi, dans une partie du champ, deux diagrammes superposés l'un à l'autre, qu'on peut cependant discerner avec un peu de soin. On peut, par exemple, les différencier par des couleurs, ou par des traits et des lignes ponctuées, ou de toute autre façon, et, si l'on remarque qu'il n'y a aucune liaison entre les deux diagrammes superposés, excepté sur la ligne LL, on peut appliquer de suite, à ce diagramme, tous les théorèmes généraux que nous avons énoncés. Mais il est visible que ce mode de représentation paraîtra plus embrouillé que le diagramme volume-entropie.

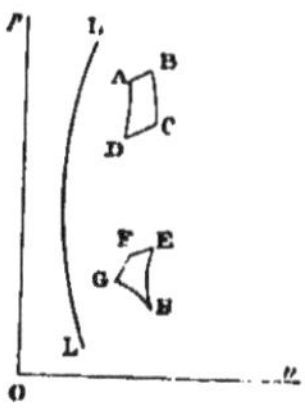

Fig. 12.

Si l'on a, pour la ligne LL, $\frac{dp}{d\eta} = 0$, il en résulte un autre inconvénient dans l'emploi des diagrammes à échelle constante; c'est que, près de la ligne LL, la quantité $\frac{dp}{d\eta}$ ou $\frac{1}{\gamma_{v\eta}}$ a une valeur très petite, de sorte que les surfaces du diagramme à échelle constante sont très petites relativement aux surfaces correspondantes du diagramme volume-entropie : par suite dans le premier, les isométriques, ou les isentropiques, ou toutes les deux, sont très rapprochées dans le voisinage de la ligne LL, et cette partie du diagramme est nécessairement indistincte.

Il peut cependent arriver que, dans le diagramme volume-entropie, le même point puisse représenter deux états différents du corps. C'est ce qui arrive dans le cas des liquides vaporisables.

Soit MM (fig. 13), la ligne qui représente l'état limite de vaporisation du liquide. Cette ligne est près de l'axe des entropies et parallèle à cet axe. Si le corps se trouve dans un état tel qu'il est représenté par un point de la ligne MM' et est comprimé sans addition ou soustraction de chaleur, il restera évidemment liquide. Alors les points de l'espace situés immédiatement à gauche de la ligne MM représentent simplement du liquide. Mais, d'un autre côté, si le corps se trouvant à l'état initial considéré, son volume est augmenté sans addition ni soustraction de chaleur et que les conditions de formation de vapeur soient remplies (il s'agit des conditions relatives à l'enceinte où est placé le corps), le liquide sera en partie vaporisé ; mais, si ces conditions ne sont pas remplies, il restera liquide. Donc, les points suffisamment rapprochés de MM et à droite de cette ligne pourront représenter deux états du corps ; l'un où il est en partie vaporisé, l'autre où il est entièrement liquide.

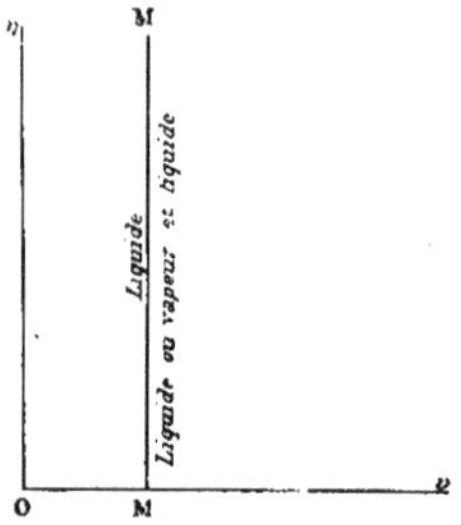

Fig. 13.

Si nous considérons les points qui représentent un mélange de liquide et de vapeur, ils forment un certain diagramme ; et si nous les considérons comme représentant uniquement un liquide, ils forment un autre diagramme tout différent qui recouvre le premier. Entre ces deux diagrammes, il n'y a évidemment aucune continuité, sauf sur la ligne MM. Nous pouvons les regarder comme formés de feuillets distincts qui se raccordent le long de MM. Et alors le corps ne peut passer de l'état de vaporisation partielle à l'état liquide autrement que par cette ligne. Par contre, le passage inverse est possible ; le corps peut passer de l'état liquide surchauffé à celui de vaporisation partielle, si les conditions dont nous avons parlé se présentent, ou si l'augmentation de volume dépasse certaines limites. Mais cela n'a pas lieu par un changement graduel ou par un procédé réversible. De sorte que dans ce changement le point représentatif de l'état du corps se trouve bien déplacé, mais ce changement d'état ne peut pas être représenté par un chemin quelconque, car, durant le changement, les conditions d'uniformité de température et de pression que nous avons admises au début de cet ouvrage ne sont pas remplies et nous avons vu qu'elles sont nécessaires pour qu'on puisse employer les méthodes graphiques. (Voir la remarque (1), p. 17.)

Des deux diagrammes ainsi superposés, l'un, celui qui représente le liquide uniquement, est une continuation du diagramme situé à droite de MM. Les isentropiques, isothermiques et isodynamiques passent d'un côté à l'autre sans changement brusque de direction, ni de courbure. Celui qui représente le mélange de liquide et de vapeur, aura un tout autre caractère. Les isobares et les isothermiques formeront, en général, un angle avec les lignes correspondant au diagramme du liquide pur. Les isodynamiques dans le diagramme du mélange et dans le diagramme du liquide pur ont, en général, une courbure différente sur la ligne MM, mais ne changent pas de direction, car :

$$\frac{d\epsilon}{dv} = -p \qquad \text{et} \qquad \frac{d\epsilon}{d\eta} = t$$

Le phénomène est essentiellement le même pour certaines substances, comme par exemple l'eau, dans le voisinage de la ligne qui sépare le liquide pur du mélange de liquide et de solide.

Dans ce cas, l'inconvénient de deux diagrammes superposés ne peut être écarté par aucun changement du principe suivant lequel le diagramme est construit. Car aucun déplacement ne peut faire, des trois nappes qui se raccordent le long de la ligne MM (une à gauche, deux à droite), une seule surface simple sans feuillets superposés. Des cas de ce genre sont essentiellement différents de ceux où la superposition est due simplement à l'emploi d'une méthode de représentation mal appropriée.

Pour trouver le caractère d'un diagramme volume-entropie dans le cas d'un gaz simple, nous pouvons faire ϵ constant dans l'équation (D) (p. 32), ce qui donnera pour l'équation des isodynamiques et isothermiques

$$\eta = a \log v + \text{const.}$$

et, si nous faisons p constant dans l'équation (G), on aura pour l'isobare :

$$\eta = (a + c) \log v + \text{const}.$$

Il faut remarquer que ces isothermiques et ces isodynamiques peuvent être construites au moyen d'un gabarit unique (de même pour les isobares).

Pour les vapeurs, il en est à peu près de même dans une partie du diagramme. Dans la partie qui représente le mélange de liquide et de vapeur, les isothermiques, qui sont naturellement identiques aux isobares, sont des droites. Alors, si un corps est vaporisé, à pression et volume constants, la quantité de chaleur nécessaire est proportionnelle à l'augmentation de volume; et l'accroissement d'entropie est lui-même proportionnel à cette augmentation de volume. Car $\frac{d\varepsilon}{dv} = -p$ et $\frac{d\varepsilon}{d\eta} = t$, de sorte que les isothermiques coupent toutes les isodynamiques sous le même angle; et les segments interceptés par les isodynamiques équidifférentes sont égaux. Cette dernière propriété est très utile pour dessiner le système de lignes isodynamiques équidifférentes.

Disposition des lignes isométrique, isobare, isothermique et isentropique autour d'un point.

La disposition des lignes isométrique, isobare, isothermique et isentropique, qui sont menées par un même point, relativement à l'ordre dans lequel elles se suivent et au sens de ces lignes pour lequel le volume, la pression, la température et l'entropie vont en croissant, n'est pas modifiée par une déformation quelconque de la surface sur laquelle le diagramme est dessiné, et, par suite, est indépendante de la méthode qui a été adoptée pour former le diagramme [1].

---

[1] Il faut admettre que, dans le voisinage du point considéré, chaque point du diagramme représente seulement un état du corps. Les propositions développées dans les pages suivantes ne peuvent être appliquées qu'avec des restrictions, pour les points qui se trouvent sur une ligne suivant laquelle deux parties du diagramme sont superposées. (Voir p. 50, 52).

Cet arrangement est déterminé par quelques-unes des propriétés thermodynamiques caractéristiques du corps dans l'état donné et sert à caractériser ces propriétés. Il est déterminé d'abord par le signe de $\left(\frac{dp}{d\eta_1}\right)_v$, qui peut être positif, négatif ou nul; c'est-à-dire par le sens de l'action de la chaleur qui peut, suivant le cas, augmenter ou diminuer la pression à volume constant, et par la nature de l'équilibre thermodynamique interne du corps qui peut être stable ou indifférent; un état d'équilibre instable ne peut naturellement être considéré que comme matière à spéculation.

Nous examinerons d'abord le cas où $\left(\frac{dp}{d\eta_1}\right)_v$ est positif et où l'équilibre est stable. Alors $\left(\frac{dp}{d\eta_1}\right)_v$ n'est pas nul au point considéré; il y a donc une isobare déterminée qui passe par ce point. D'un côté de cette ligne, la pression est plus grande et de l'autre plus petite que sur la ligne elle-même. Comme $\left(\frac{dt}{dv}\right)_{\eta_1} = -\left(\frac{dp}{d\eta_1}\right)_v$, il en sera de même pour une isothermique. Il est commode de choisir les côtés des différentes lignes dans un sens tel que le volume, la pression, etc., croissent du côté qu'on a désigné comme positif. La condition de stabilité exige que, à pression constante, la température augmente avec la chaleur reçue, et par conséquent avec l'entropie. Ce qui peut être écrit : $(dt : d\eta_1)_p > 0$ [1]. Il est nécessaire que, s'il n'y a aucun échange de chaleur, la pression augmente quand le volume diminuera, c'est-à-dire que $(dp : dv)_\eta < 0$. Si, par le point A (fig. 14), nous menons l'isométrique vv' et l'isentropique $\eta_1\eta_1'$ et que les côtés positifs soient ceux qui sont indiqués dans la figure (14), les conditions

---

[1] Comme la notation $\frac{dt}{d\eta_1}$ est employée pour désigner la valeur limite du rapport dt à $d\eta_1$, il ne serait pas tout à fait exact d'écrire la condition de stabilité sous la forme $\left(\frac{dt}{d\eta_1}\right)_p > 0$. Cette condition exige en effet que le rapport des différences d'entropie et de température entre le point considéré et une isobare placée à une distance infiniment petite de ce point soit positif. Il n'est pas nécessaire que la valeur limite de ce rapport soit positive.

$\left(\frac{dp}{d\eta}\right)_v > 0$ et $(dp : dv)_\eta < 0$ exigent que la pression soit plus grande vers v et η qu'en A et, par conséquent, que l'isobare pp' soit placée dans la figure, de telle sorte que son côté positif soit comme le côté indiqué. De même, les conditions

$$\left(\frac{dt}{dv}\right)_\eta < 0 \text{ et } (dt : d\eta)_p > 0$$

nécessitent que la température soit plus élevée en η et p que en A, et que l'isothermique soit placée comme tt' et ait son côté positif comme il est indiqué. Comme il n'est pas nécessaire qu'on ait $\left(\frac{dt}{d\eta}\right)_p > 0$, les lignes pp' et tt' peuvent être tangentes l'une à l'autre en A, pourvu que les lignes se croisent et aient autour du point A l'ordre indiqué, c'est-à-dire qu'elles peuvent avoir entre elles un contact de second ordre ou d'ordre supérieur pair (1).

Mais la condition que $\left(\frac{dp}{d\eta}\right)_v > 0$ et par suite que $\left(\frac{dt}{dv}\right)_\eta < 0$, ne comporte pas que pp' et vv' soient tangentes et de même tt' et $\eta\eta'$.

Si $\left(\frac{dp}{d\eta}\right)_v$ est toujours positif, mais que l'équilibre soit indifférent, il sera possible que le corps change d'état sans variation de température et de pression, c'est-à-dire que les isothermiques et les isobares deviennent identiques. Ces lignes sont alors placées comme dans la figure 14, seulement les isobares et les isodynamiques sont confondues.

On peut démontrer de la même façon que si $\left(\frac{dp}{d\eta}\right)_v < 0$, les lignes seront placées comme dans la figure 15 dans le cas de

---

(1) Un exemple de ce cas est sans doute réalisé pour le point critique d'un liquide. Voir Dr Andrews (On the continuity of the gaseous and liquid states of matter, Phil. Trans **159**; 575). Si les isothermes et les isobares ont un contact simple en A, elles auront d'un côté de ce point des directions qui impliquent un équilibre instable. Une ligne qui passe par tous les points semblables (à contact d'ordre impair) du diagramme formera une limite de la partie réalisable de ce diagramme. Il peut arriver que la partie du diagramme d'un fluide qui représente l'état d'un liquide surchauffé soit limitée d'un côté par une ligne de ce genre.

l'équilibre stable et de même pour l'équilibre indifférent, les lignes pp' et tt' seront confondues [1].

Si, $\left(\frac{dp}{d\eta}\right)_v = 0$ il y a un nombre considérable de cas possi-

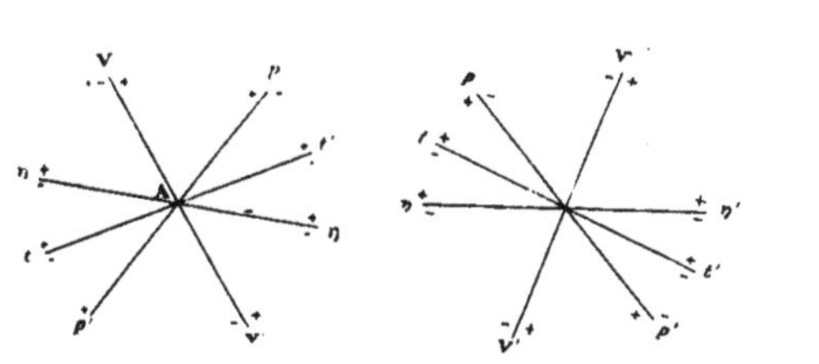

Fig. 14. Fig. 15.

bles qui devraient être examinés. Il suffira de mentionner ceux qui se présentent le plus souvent.

Il peut arriver que dans un champ d'équilibre stable $\left(\frac{dp}{d\eta}\right)_v = 0$ le long d'une ligne, et que d'un côté $\left(\frac{dp}{d\eta}\right)_v$ soit > 0 et de l'autre < 0. A chaque point d'une telle ligne, les isobares seront tangentes aux isométriques, et les isothermiques tangentes aux isentropiques (Voir à ce sujet la note de la page 54).

Dans un champ d'équilibre indifférent, qui représente un mélange de deux états différents de la substance, et où par conséquent les isothermiques et les isobares sont identiques ; il peut y avoir une ligne qui présente le triple caractère d'une

(1) Quand on dit que l'arrangement des lignes du diagramme est celui de la figure 14 ou 15, on n'a pas en vue d'exclure le cas où les figures (14 et 15) doivent être retournées pour correspondre au diagramme. Cependant dans les diagrammes formés par les méthodes mentionnées dans ce mémoire, et si les axes ont la direction adoptée, il y a accord avec la figure 14 sans inversion ; et de même accord avec la figure 15 sans inversion pour le diagramme volume-entropie, mais avec inversion pour les diagrammes volume-pression, entropie-température ainsi que pour ceux dans lesquels on a $x = \log v$ et $y = \log p$, ou $x = \eta$ et y log t.

isométrique, d'une isothermique et d'une isobare. Pour une pareille ligne, $\left(\frac{dp}{d\eta}\right)_v = 0$; si le signe de $\left(\frac{dp}{d\eta}\right)_v$ est opposé suivant le côté de la ligne; on a affaire à une isothermique de valeur maximum ou minimum [1].

Le cas où le corps est en partie solide, en partie liquide et en partie à l'état de vapeur, a été suffisamment discuté (voir page 54).

La disposition des isométriques, isobares, etc., telle qu'elle est figurée dans la figure 14, indiquera immédiatement le signe d'une dérivée partielle de la forme $\left(\frac{du}{dw}\right)_z$ où u, w et z représentent l'une des quantités v, p, t, η (et ε si on trace l'isodynamique dans la figure). Les valeurs de cette dérivée seront connues si les accroissements proportionnels de v, p, etc., sont données par les isométriques, etc..., qui sont menées par le point A pour les valeurs de v, etc., et pour les valeurs des quantités infiniment voisines. Ainsi, par exemple, la valeur de $\left(\frac{dp}{dv}\right)_t$ sera donnée par le rapport des segments qui sont limités par un couple d'isométriques et un couple d'isobares et dont les différences de pression et de volume ont la même valeur numérique. Dans le cas où H et W sont fonctions de l'état du corps, on peut faire entrer ces quantités en numérateur et en dénominateur dans les expressions précédentes, en remplaçant les quantités $p\,dv$ et $t\,d\eta$ par leurs équivalents dW et dH.

Dans les discussions précédentes, les équations qui expriment analytiquement les principes fondamentaux de la thermodynamique ont été admises *a priori* et on avait seulement pour but de montrer comment ces relations peuvent être représentées géométriquement. Il serait cependant facile de partir de la première et de la seconde loi fondamentale, telle qu'elle est énoncée généralement, et d'arriver aux mêmes résultats sans l'aide des formules analytiques qu'elles impliquent. Par

[1] Quelques liquides se dilatent par solidification et d'autres se contractent; il est donc possible qu'il en existe qui se solidifient avec dilatation, ou sans changement de volume, ou avec contraction, suivant la pression. S'il en existe, ils présentent des exemples du cas signalé. Nous avons déjà signalé plus haut des cas analogues.

exemple, on peut arriver aux notions d'énergie, d'entropie et de température absolue par la construction du diagramme sans passer par la définition analytique de ces quantités et déterminer les différentes propriétés du diagramme sans employer les expressions analytiques de ces propriétés. Cette façon de procéder serait bien préférable pour faire voir l'indépendance des méthodes graphiques et surtout montrer qu'elles se suffisent à elles-mêmes ; mais elle serait peut-être moins bonne pour une discussion comparée des avantages ou des désavantages des diverses méthodes graphiques.

La possibilité de traiter la thermodynamique des fluides au moyen de méthodes graphiques, telles que celles qu'on vient d'étudier, tient évidemment à ce fait que l'état du corps représenté par un point d'un plan est capable de deux et seulement de deux variations indépendantes. Il est peut-être utile de remarquer, si l'on n'a recours au diagramme que pour démontrer ou pour éclaircir les théorèmes généraux, il n'est pas nécessaire, bien que cela soit quelquefois plus commode, de choisir une méthode particulière de représentation du diagramme ; il suffit d'admettre que les différents états de la matière peuvent être représentés d'une manière continue par des points sur une surface.

II

MÉTHODE DE REPRÉSENTATION GÉOMÉTRIQUE

DES PROPRIÉTÉS THERMODYNAMIQUES DES CORPS PAR DES SURFACES

(*Transactions of the Connecticut Academy*. Vol. II. Part. 2. p. 382-404, 1873.)

Les propriétés thermodynamiques fondamentales d'un fluide sont déterminées par les relations qui existent entre le volume, la pression, la température et l'entropie d'une certaine quantité de fluide en équilibre thermodynamique. Cela est encore vrai pour les solides, à condition que, dans les transformations qu'on leur fait subir, la pression ait la même valeur dans toutes les directions, autour d'un point quelconque. Mais toutes les relations (dont trois sont indépendantes) entre ces cinq quantités peuvent toutes être déduites de la relation unique qui existe pour la substance considérée entre le volume, l'énergie et l'entropie. On peut avoir recours à l'équation générale

$$d\varepsilon = t\,d\eta - p\,dv \text{ (}^1\text{)} \tag{1}$$

d'où

$$p = -\left(\frac{d\varepsilon}{dv}\right)_\eta, \tag{2}$$

$$t = \left(\frac{d\varepsilon}{d\eta}\right)_v \tag{3}$$

où v, p, t, ε et η, désignent le volume, la pression, la température absolue, l'énergie et l'entropie du corps considéré. L'indice placé au-dessous de la dérivée indique la grandeur qui reste constante dans la différenciation.

---

(1) Pour la démonstration de cette équation et les unités de mesure employées, voir page 18.

REPRÉSENTATION DU VOLUME, DE L'ENTROPIE, DE L'ÉNERGIE, DE LA PRESSION ET DE LA TEMPÉRATURE

La relation entre le volume, l'entropie et l'énergie peut être représentée par une surface et très simplement si les coordonnées rectangulaires des points de la surface sont prises égales au volume, à l'énergie et à l'entropie du corps dans ses différents états. Il peut être intéressant de rechercher les propriétés d'une telle surface que nous appellerons la *surface thermodynamique* du corps pour lequel elle a été formée [1].

Pour fixer les idées, prenons les axes des v, η et ε dans les directions données habituellement aux axes x, y et z (c'est-à-dire que v croît à droite, η en avant et ε vers le haut). Alors la pression et la température en chaque point de la surface sont égales aux tangentes des angles d'inclinaison de la surface sur l'horizon au point donné, mesurés dans les plans perpendiculaires aux axes des η, et des v respectivement. [Eq. (2) et (3)]. Remarquons que dans le premier cas, l'angle d'inclinaison doit être mesuré en haut du côté des v décroissants, tandis que dans le second, il est mesuré en haut du côté des η croissants. Il en résulte que le plan tangent en chaque point donne la pression et la température de l'état que représente ce point. Il sera commode de parler d'un plan comme représentant une pression et une température déterminées, en admettant que les tangentes de ses angles d'inclinaison avec l'horizon, mesurées comme il vient d'être dit sont égales à cette pression et à cette température.

Avant d'aller plus loin, il est utile de distinguer ce qui, dans une telle surface, est essentiel et ce qui est arbitraire. La position du plan $v = 0$ est évidemment fixe; au contraire celles

---

(1) Le professeur J. Thomson a proposé et employé une surface dont les coordonnées sont proportionnelles au volume, à la pression et à la température (Proc. Roy. Soc. t. XX, p. 1, 1871 et Philos. Mag. **43** 227, 1871). Il est évident que la relation entre le volume, la pression et la température donne une connaissance moins générale des propriétés du corps que celle qui existe entre le volume, l'entropie et l'énergie. Car tandis que la première est entièrement déterminée par la seconde et peut en être dérivée par différenciation, la seconde relation n'est aucunement déterminée par la première.

des plans $\eta = 0$ et $\varepsilon = 0$ sont arbitraires en supposant qu'on ne change pas les directions des axes des η et des ε. Cela résulte de la nature des définitions de l'énergie et de l'entropie qui renferment toutes deux une constante arbitraire. Comme nous pouvons prendre $\eta = 0$ et $\varepsilon = 0$ pour un état du corps que nous pouvons choisir, nous pourrons placer l'origine des coordonnées en un point quelconque du plan $v = 0$. Il résulte immédiatement de l'équation (1), que, quelque changement que nous puissions faire subir aux unités de mesure du volume, de l'entropie et de l'énergie, il sera toujours possible de faire des changements tels dans les unités de pression et de température que les équations restent vérifiées sous leur forme actuelle sans l'introduction de constantes. Il est facile de voir comment un changement d'unités de volume, d'entropie et d'énergie modifie la surface. La projection de la distance de deux points de la surface parallèlement à l'un des axes se trouvera modifiée dans le rapport inverse des unités correspondantes. Ces considérations nous permettent de prévoir dans une certaine mesure la nature des propriétés générales de ces surfaces. Elles satisfont en particulier à la condition de n'être affectées par aucun des changements mentionnés plus haut. Nous pouvons, par exemple, trouver les propriétés concernant le plan $v = 0$ (étant donné que toute la surface est nécessairement du côté positif de ce plan), mais nous ne pouvons pas nous attendre à trouver celles qui se rapportent au plan $\varepsilon = 0$ et $\eta = 0$ et permettraient de distinguer un de ces plans d'un plan parallèle. On peut ajouter que le volume, l'entropie et l'énergie d'un corps étant la somme des volumes, entropies et énergies de ses parties, les surfaces construites pour des quantités différentes d'une même substance, auront des formes semblables les unes aux autres, et telles, que leurs dimensions linéaires seront proportionnelles à la quantité de matière considérée.

NATURE DE LA PARTIE DE LA SURFACE QUI REPRÉSENTE DES ÉTATS NON HOMOGÈNES

Ce mode de représentation du volume, de l'entropie, de l'énergie, de la pression et de la température du corps s'applique également bien au cas où différentes parties du corps se trouvent à des états différents (en supposant toujours que l'ensemble est à l'état d'équilibre thermodynamique et que le corps tout entier est dans un état uniforme) car le système, considéré dans son ensemble, a un volume défini : ses énergie, entropie, pression et température sont également déterminées et la validité de l'équation générale (1) est indépendante de l'uniformité ou de la diversité des parties constituantes [1]. Il est d'ailleurs évident que la surface thermodynamique, au moins pour beaucoup de substances, peut être divisée en deux parties, dont l'une représente un état homogène et l'autre un état hétérogène. Nous verrons que si la première partie de la surface est connue, la seconde est facile à

---

[1] On suppose toutefois, dans cette équation, que les changements d'état du corps, auxquelles se rapportent dv, $d\eta$ et $d\varepsilon$ sont susceptibles d'être produits d'une manière réversible par extension et compression, ou par addition et soustraction de chaleur. Par suite, si le corps se compose de parties à différents états, il est nécessaire que ces états puissent passer de l'un à l'autre sans variation sensible de pression ou de température. Autrement il faudrait supposer dans l'équation différentielle (1) que le rapport des différentes portions qui composent le corps reste constant. Cette restriction rendrait l'équation sans valeur pour le but proposé. Si nous laissons de côté les cas où les états sont considérés comme chimiquement différents les uns des autres, qui ne rentrent pas dans les limites de ce mémoire, l'expérience justifie la supposition faite plus haut (que chacun des deux états en contact peut passer de l'un à l'autre sans changement sensible de pression et de température), au moins d'une façon très approximative, quand l'un des deux états est fluide. Mais si les deux corps sont solides, la mobilité nécessaire des éléments fait défaut. Il faut donc admettre que les méthodes qui suivent, dans le cas des états non homogènes, ne peuvent être appliquées sans restriction pour certains cas exceptionnels, où nous avons, par exemple, deux solides de la même substance à la même température et à la même pression. On peut ajouter que l'équilibre thermodynamique entre ces deux états solides diffère de celui où l'un des deux états est fluide, à peu près comme en statique un équilibre résultant d'un frottement diffère du cas d'une machine sans frottement, où les forces actives se contrebalancent de façon que le moindre changement de l'une d'elles produise un mouvement dans un sens ou dans l'autre.

Une autre restriction est rendue nécessaire par ce fait que dans la discussion qui va suivre, la grandeur et la forme des surfaces limites et des surfaces de contact entre deux états sont laissées de côté, de sorte que les résultats ne sont en général exacts qu'autant que l'influence de ces particularités est négligeable. Si donc, deux états de la substance sont indiqués comme étant finalement en contact, on suppose que la surface de séparation est plane. — Pour étudier les choses d'une façon plus générale, il faudrait introduire des considérations qui se rapportent aux théories de la capillarité et de la cristallisation.

construire comme on peut s'y attendre. Nous pouvons alors appeler la première, la *surface primitive*, et la seconde, la *surface dérivée*.

Pour déterminer la nature de la surface dérivée et ses relations avec la surface primitive, de manière à pouvoir la construire quand cette dernière est donnée ; il suffit d'appliquer ce principe que le volume, l'entropie et l'énergie du corps sont égaux à la somme des volumes, des entropies et des énergies des parties, tandis que la température et la pression du tout sont égales à celles des parties constituantes. Nous commençons par le cas où le corps est en partie solide, en partie liquide et en partie gazeux. La position du point déterminé par le volume, l'entropie et l'énergie d'un tel mélange est celle du centre de gravité de masses proportionnelles aux masses de solide, de liquide et de vapeur qui seraient placées aux trois points de la surface primitive correspondant respectivement à la solidification, à la liquéfaction et à la vaporisation complètes, pour la température et la pression considérées. Alors la partie de la surface qui représente un mélange de solide, de liquide et de vapeur est un triangle plan ayant ses sommets aux trois points mentionnés. Le fait que cette surface est plane, indique bien que la pression et la température sont constantes, puisque c'est l'inclinaison du plan qui donne ces quantités. Puisqu'en définitive ces valeurs sont les mêmes pour le mélange des trois états homogènes, qui correspondent à ses trois parties, il s'ensuit que le plan du triangle est tangent en chacun de ses sommets à la surface primitive ; à l'un des sommets il est tangent à la surface primitive qui représente le corps tout entier à l'état solide ; à l'autre à celle qui représente le liquide et au troisième à la surface qui représente le corps à l'état de vapeur homogène.

Si le système est formé d'un mélange de deux états différents, le point qui représente le mélange est placé au centre de gravité de masses proportionnelles aux masses des deux parties et placées en deux points de la surface primitive qui représentent ces deux états (c'est-à-dire qui représenteraient le volume, l'entropie et l'énergie du corps si toute la masse était supposée successivement dans les deux états, auxquels se trouvent les parties). Donc tous les points se trouvent sur une même droite réunissant les deux points dont on vient de parler. Comme il est évident que pour cette ligne la température et la pression sont constantes, il n'y aura qu'un seul plan tangent à la surface dérivée le long de cette ligne, qui sera tangent à chaque extrémité de la ligne aux surfaces primitives [1].

---

[1] On démontrera que si deux états différents d'une substance peuvent exister en contact permanent, les points qui représentent ces états dans la surface thermodynamique ont un plan tangent commun. Nous verrons plus tard que la réciproque est vraie, c'est-à-dire que si deux points de la surface primitive ont un plan tangent commun, les états correspondants peuvent exister en contact permanent ; nous verrons aussi, comment est déterminée la direction du changement discontinu qui a lieu, quand deux états différents, d'égale température et d'égale pression, pour lesquels la condition d'un plan tangent commun n'est pas remplie, viennent en contact.

Il est facile d'exprimer analytiquement ces conditions. Mettons en évidence que les plans tangents sont parallèles et doivent couper l'axe des ε au même point, nous aurons les équations :

$$p' = p'' \qquad (2)$$
$$t' = t'' \qquad (3)$$
$$\varepsilon' - t'\eta' + p'v' = \varepsilon'' - t''\eta'' + p''v'' \qquad (4)$$

où les différents états sont distingués par des accents. Si on avait affaire à trois états en contact on aurait :

$$p' = p'' = p'''$$
$$t' = t'' = t'''$$
$$\varepsilon' - t'\eta' + p'v' = \varepsilon'' - t''\eta'' + p''v'' = \varepsilon''' - t'''\eta''' + p'''v'''$$

Ces résultats sont intéressants, en ce qu'ils nous apprennent à déterminer si deux états donnés, à la même pression et à la même température, peuvent exister en contact ou non. Il est vrai que nous ne pouvons pas déterminer les valeurs de ε et de η, comme celles de p, v et t par des mesures effectuées simplement sur la substance, au moment où elle passe par l'état considéré. Pour trouver les valeurs de $\varepsilon' - \varepsilon''$ et de $\eta' - \eta''$, il faudrait les mesurer par une série d'opérations qui réalisent le passage du corps d'un état à l'autre, mais sans avoir besoin d'employer un mode d'opération dans lequel les deux états donnés existent simultanément et au contact ; dans quelques cas au moins, il est possible de déterminer ces variations par des séries d'opérations pour lesquelles le corps ne cesse pas de constituer un système homogène. Nous savons en effet par les expériences du Dr Andrews (Phil. Trans. **159**, p. 575) que l'acide carbonique peut être amené de l'état que nous appelons ordinairement liquide à l'état que nous appelons habituellement gazeux, sans avoir jamais cessé d'être homogène. Si donc nous l'avons fait passer à l'état gazeux, en partant de l'état liquide, à la même pression et à la même température, et que nous ayons exécuté les mesures nécessaires tout le long du cycle de transformations, nous serons en état de prédire ce qui arrivera quand les deux états de la substance seront en contact : s'il y a vaporisation ou liquéfaction, ou si les deux états restent en contact sans chan-

Si nous supposons maintenant que la température et la pression du mélange changent, les deux points de la surface primitive, la droite de la surface dérivée qui les relie, et le plan tangent changent de position sans que les relations indiquées plus haut soient altérées. Nous pouvons concevoir le mouvement du plan tangent comme un roulement sur la surface primitive, en restant tangent à celle-ci en deux points; et comme il est tangent, tout le long d'une droite, à la surface dérivée, il est évident que cette dernière est une surface réglée et qu'elle forme une partie de l'enveloppe du plan roulant. Nous verrons plus loin que la forme de la surface primitive est toujours telle qu'elle n'est pas coupée par le plan doublement tangent et que ce roulement est physiquement possible.

De ces relations, on peut déduire par de simples considérations géométriques une proposition importante pour les mélanges. Soit un plan tangent qui touche la surface en deux points L et V; et pour fixer les idées nous supposerons que

---

gement, et cela bien que nous n'ayons jamais vu la coexistence de ces deux états, ni de deux états différents quelconques de la même substance.

L'équation γ peut être mise sous une forme où sa validité est à première vue manifeste pour deux états qui peuvent passer de l'un à l'autre à pression et à température constante. Si nous remplaçons t' et p' par les quantités égales t'' et p'', nous pourrons écrire :

$$\varepsilon'' - \varepsilon' = t'(\eta'' - \eta') - p'(v'' - v').$$

Ici le terme de gauche représente la différence d'énergie dans les deux états, et les deux termes de droite la chaleur absorbée et le travail accompli dans la transformation de la substance d'un état à l'autre. Cette équation peut être obtenue directement par intégration de l'équation (1).

Il est bien connu, que si les deux états sont fluides et en contact par une surface courbe, on a, au lieu de l'équation (2) :

$$p'' - p' = T\left(\frac{1}{r} + \frac{1}{r'}\right).$$

où r et r' sont les rayons de courbure principaux en un point de la surface de contact (positifs, si la concavité est dirigée vers la substance à laquelle se rapporte p'') et T ce qu'on appelle la tension superficielle. L'équation ζ est encore valable dans ce cas, ainsi que l'équation γ. En d'autres termes, les plans tangents aux deux points de la surface thermodynamique, qui représentent les deux états, coupent le plan $v = 0$ suivant la même droite.

ces points représentent du liquide et de la vapeur; menons par ces points des plans perpendiculaires à l'axe des v et à l'axe des η, qui se couperont suivant une ligne AB parallèle à l'axe des ε. Le plan tangent coupe cette ligne en A, et soient LB et VC menées perpendiculairement à AB, et respectivement parallèles aux axes des η et des v. Alors la pression et la température représentées par le plan tangent sont évidemment $\frac{AC}{CV}$ et $\frac{AB}{BL}$; et, si nous supposons que par un roulement sur la surface primitive, celui-ci tourne d'un angle infiniment petit autour de son axe momentané LV, il coupe alors AB en A′ et on aura $dp = \frac{AA'}{CV}$ et $dt = \frac{AA'}{BL}$, c'est-à-dire

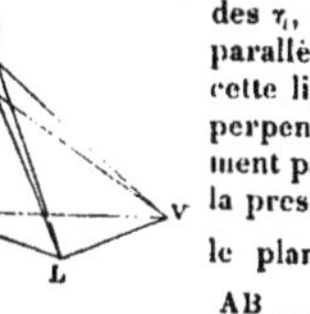

Fig. 16.

$$\frac{dp}{dt} = \frac{BL}{CV} = \frac{\eta_1'' - \eta_1'}{v'' - v'},$$

où v' et η_1' correspondent au volume et à l'entropie du point L et v'' et η_1'' à celles du point V. Si nous substituons à $\eta_1'' - \eta_1'$ la valeur égale $\frac{r}{t}$ (où r est la chaleur de vaporisation) nous aurons la formule ordinaire :

$$\frac{dp}{dt} = \frac{r}{t(v'' - v')}.$$

PROPRIÉTÉS DE LA SURFACE RELATIVES A LA STABILITÉ DE L'ÉQUILIBRE THERMODYNAMIQUE

Nous porterons maintenant notre attention sur les propriétés géométriques de la surface qui indiquent si un équilibre thermodynamique est stable, instable ou indifférent. Cela nécessitera jusqu'à un certain point la considération de phénomènes qui se passent quand cet équilibre n'existe pas. Nous supposerons que le corps est enfermé dans un milieu à température et à pression constantes ; mais, comme lorsque la température ou la pression du corps à sa surface diffèrent de celles du milieu, le contact immédiat est difficilement conciliable avec le maintien de la pression et de la température primitive de ce milieu, nous supposerons que le corps est séparé du milieu par une enveloppe qui transmettra les plus petites différences de pression entre les deux, mais seulement d'une façon très graduelle, et qui sera également très mauvaise conductrice de la chaleur. Il sera commode et admissible, pour le but qu'on se propose, de se borner à considérer des enveloppes douées de ces propriétés et de supposer en outre qu'elles n'occupent aucun espace et ne reçoivent d'autre chaleur que celle qu'elles transmettent, c'est-à-dire que leur volume et leur chaleur spécifique sont nuls. Grâce à une pareille enveloppe, nous pourrons admettre que l'action du corps sur le milieu est suffisamment retardée pour que l'uniformité de pression et de température de ce dernier ne soit pas troublée.

Quand le corps n'est pas en état d'équilibre thermodynamique, son état n'est pas représenté sur notre surface. Cependant ce corps considéré dans son entier a un certain volume, une entropie et une énergie, qui sont la somme des volumes, des entropies et des énergies de ses parties [1]. Si alors nous supposons que les points matériels doués de masses proportionnelles aux masses respectives des différentes portions du corps, qui se trouvent à des états thermodynamiques différents, occupent les positions déterminées par leur état et leur mouvement (c'est-à-dire des positions telles que leurs coordonnées soient égales au volume, à l'entropie et à l'énergie qu'aurait le corps tout entier, s'il se trouvait successivement dans les états où sont ces différentes parties) ; alors le centre de gravité de points ainsi disposés donnera, par ses coordonnées, le volume, l'entropie et l'énergie du corps entier. Si toutes les parties du corps sont en repos, le point qui représente le volume, l'énergie et l'entropie sera le centre de gravité d'un certain nombre de points placés sur la surface primitive. L'effet de mouvement de certaines parties du corps sera de déplacer les points correspondants parallèlement à l'axe des ε, à des distances égales, dans chaque cas, à la force vive du corps entier, s'il était doué de la vitesse de la portion en question ; le centre de gravité des points ainsi déterminés donnera le volume, l'entropie et l'énergie du corps entier.

---

(1) Comme la discussion doit s'appliquer au cas où les parties du corps sont en mouvement (sensible), il est nécessaire de définir le sens dans lequel le mot « énergie » est employé. Nous l'emploierons en y comprenant l'énergie cinétique du mouvement visible.

Supposons maintenant que le corps qui a au début le volume v', l'entropie η' et l'énergie ϵ' (et est enfermé dans l'enveloppe mentionnée plus haut), soit placé dans un milieu à pression constante P, et à température T, et que sous l'action du milieu ou sous les actions réciproques de ses parties il passe à un état de repos final, où le volume, etc... sont égaux à v'', η'', ϵ'' ; il nous faut trouver une relation entre ces quantités. Nous supposerons, ce qui est admissible, que le milieu soit assez grand pour qu'un apport de chaleur, ou une compression dans des limites modérées n'ait aucune influence sur sa température et sa pression, et nous écrirons que son volume, son entropie et son énergie sont V, H et E. L'équation (1) devient alors :

$$dE = TdH - PdV,$$

que nous pouvons intégrer, en regardant P et T comme constants. On a alors :

$$E'' - E' = TH'' - TH' - PV'' + PV' \tag{a}$$

ou E' se rapporte à l'état initial et E'' à l'état final du milieu. Mais comme la somme de l'énergie du corps et du milieu environnant ne peut que diminuer sans jamais augmenter (à cause des propriétés admises pour l'enveloppe) ; nous aurons :

$$\epsilon'' + E'' \leqq \epsilon' + E' \tag{b}$$

Comme de même, la somme des entropies peut croître mais jamais diminuer, on a aussi

$$\eta'' + H'' \geqq \eta' + H' \tag{c}$$

On a évidemment :

$$v'' + V'' = v' + V' \tag{d}$$

Ces quatre équations peuvent être mises sous la forme suivante :

$$\begin{gathered} -E'' + TH'' - PV'' = -E' + TH' - PV'' \\ \epsilon'' + E'' \leqq \epsilon' + E' \\ -T\eta' - TH'' \leqq -T\eta' - TH' \\ Pv'' + PV'' = Pv' + PV' \end{gathered}$$

Et en additionnant :

$$\varepsilon'' - T\eta_{i}'' + P v'' \leqq \varepsilon' - T\eta_{i}' + P V'. \qquad (e)$$

Sous cette forme les deux membres de l'équation représentent évidemment les distances verticales des points v'', η_{i}'', ε'' et v', η', et ε' au-dessus du plan qui passe par l'origine et représente la pression P et la température T. Cette équation exprime que la distance finale est inférieure ou au plus égale à la distance initiale. Il est évidemment indifférent que ces distances soient mesurées perpendiculairement au plan ou verticalement, et encore que le plan qui représente P et T passe par l'origine ; mais les distances doivent être prises négativement si elles sont mesurées à partir d'un point situé au-dessous du plan.

Il est évident que le signe d'inégalité est valable pour (e) s'il l'est pour (b) et (c) ; il sera valable en (c) s'il y a une différence quelconque de pression et de température entre les différentes parties du corps, ou entre le corps et le milieu ; ou si une portion du corps est animée d'un mouvement visible. (Dans ce dernier cas, il pourrait y avoir augmentation de l'entropie par transformation du mouvement en chaleur). Mais même si le corps est primitivement sans mouvement visible et a partout une pression et une température uniforme, c'est encore le signe $<$ qui est le signe exact, si les différentes parties du corps se trouvent à des états qui sont représentés sur la surface thermodynamique par des points situés à des distances différentes du plan fixe P et T. Car il est certainement exact, quand à un tel état initial succèdent des différences de pression et de température, et des mouvements visibles. De même, le signe d'inégalité est encore nécessaire, si une partie du corps passe sans changement de température et de pression ou sans vitesse sensible à l'état d'une autre partie, représentée par un point qui n'est pas à la même distance du plan fixe P et T. Or ce sont là les seules suppositions possibles, car autrement nous devrions admettre l'existence d'un équilibre qui entraînerait pour les points en question l'existence d'un plan tangent commun, tandis que, par hypothèse, les plans tangents communs aux différents points sont parallèles, mais non identiques.

Les résultats du paragraphe précédent peuvent se résumer ainsi : à moins que le corps ne soit au début sans mouvement visible, et dans un état homogène susceptible d'être représenté par un point de la surface primitive, où le plan tangent soit parallèle au plan fixe P et T, ou encore dans un état hétérogène, tel que les points de la surface primitive représentatifs des états de ses diverses parties aient un plan tangent commun, parallèle au plan fixe P et T ; il surviendra des changements tels que la distance au plan fixe du point représentatif du volume, de l'entropie et de l'énergie du corps diminue (en considérant comme négatives les distances du point comptées au-dessous du plan). Nous pouvons appliquer ce résultat à l'étude de la question de la stabilité de l'équilibre du corps, supposé placé dans un milieu à pression et à température constantes.

L'état d'un corps en équilibre sera représenté par un point de la surface thermodynamique, et comme la pression et la température sont les mêmes que dans le milieu environnant, nous pouvons prendre le plan tangent en ce point comme plan fixe représentant P et T. Si le corps se trouve dans un état non homogène, mais cependant en équilibre, nous pouvons pour cette discussion de stabilité, choisir, ou bien un point de la surface dérivée comme représentant son état, ou bien employer les points de la surface primitive, qui correspondent aux états des différentes parties du corps. Ces points possèdent, comme nous l'avons vu plus haut, un plan tangent commun, identique au plan tangent à ce point de la surface dérivée.

Si maintenant la forme de la surface est telle qu'elle soit tout entière au-dessus du plan tangent, sauf pour le point unique de tangence, l'équilibre est nécessairement stable ; si l'état du corps est légèrement modifié, soit par la communication d'un mouvement à quelque partie du corps, soit par changement d'état d'une partie, soit par passage d'une partie à un autre état thermodynamique ou toute autre modification analogue : le point représentant le volume, l'entropie et l'énergie, occupera alors une position au-dessus du plan tangent primitif, et la proposition énoncée plus haut montre que les actions qui peuvent se produire ne sauraient avoir pour effet que de diminuer la distance du point au plan, et que cette action ne peut cesser avant que le corps soit revenu à son état initial.

Mais, au contraire, si la surface a une forme telle qu'une de ses parties passe au-dessous du plan tangent fixe, l'équilibre sera instable. Car il sera évidemment possible, par une petite variation de l'état initial du corps (c-a-d. de l'état d'équilibre avec le milieu environnant, qui est représenté par le ou les points de contact) d'amener le point représentatif de l'état du corps, au-dessous du plan tangent fixe, et dans ce cas, il entre en jeu une action qui éloigne encore plus le point du plan, et ne cesse d'agir que lorsque le corps tout entier est passé à un état entièrement différent de l'état primitif.

Il reste encore à considérer le cas où la surface, bien qu'elle ne passe nulle part au-dessous du plan tangent fixe, le touche pourtant en plus d'un point. Dans ce cas, l'équilibre est indifférent comme nous pouvions déjà le prévoir, ce cas étant intermédiaire aux deux autres. Car si une partie du corps passe de son état primitif à un autre état, représenté sur la surface thermodynamique par un point placé sur le même plan tangent, l'équilibre subsistera. La supposition relative à la forme de la surface, implique en effet, que l'uniformité de température et de pression subsiste ; le corps ne peut donc avoir aucune tendance naturelle à passer tout entier au second état ou à revenir au premier ; car une variation de P et T dans des limites aussi petites que l'on veut, suffirait pour renverser cette tendance, si elle existait ; un point pris à volonté pourrait, par un changement infiniment petit de P et T, être rapproché autant qu'on le voudrait du plan représentatif de P et T.

On peut remarquer que, dans le cas où la surface thermodynamique est concave vers le haut pour ses deux courbures principales en un certain point, mais passe en certains endroits au-dessous du plan tangent, en ce point l'équilibre est bien instable pour un changement « discontinu » ; mais au contraire stable pour une variation « continue » à partir de ce point : c'est évident, si l'on applique le criterium de stabilité dans le voisinage de ce point particulier. En d'autres termes, si nous supposons le corps dans un état représenté par un tel point ; bien que l'équilibre apparaisse comme instable et semble compromis par l'introduction dans le corps d'une petite parcelle de la même substance à un état figuré par un point situé au-dessous du plan tangent ; néanmoins il restera stable, si les conditions qui sont nécessaires pour produire ce changement discontinu ne sont pas réalisées. Un exemple familier est celui de l'eau qui a été chauffée à une température supérieure au point d'ébullition relatif à cette pression. [1]

---

[1] Si nous voulons représenter par une équation unique la condition nécessaire et suffisante de l'équilibre thermodynamique pour un corps

Propriétés essentielles de la surface thermodynamique pour les substances qui se présentent sous les états solide, liquide et gazeux.

Nous sommes préparés maintenant à nous faire une idée des caractères généraux des surfaces primitives et dérivées, et de leurs relations mutuelles pour une substance qui peut prendre à la fois les états solide, liquide et gazeux. La surface primitive a alors un plan triplement tangent, et le contact a lieu aux trois points qui représentent les trois états possibles simultanés. Sauf en ces trois points, la surface primitive sera entièrement au-dessus de ce plan tangent. La partie du plan qui forme un triangle, dont les sommets sont aux trois points de contact, constitue la partie de la surface dérivée, qui représente le mélange des trois états de la substance. Nous pouvons maintenant supposer que le plan roule sur la face inférieure de la surface, en continuant à la toucher en deux points, sans la couper. Cela peut avoir lieu de trois façons, c'est-à-dire, que la rotation peut commencer sur chaque côté du triangle susdit. Chaque couple de points de contact du plan bitangent représente deux états qui peuvent exister en contact l'un avec l'autre. En prenant le lieu de ces points, on pourra tracer six lignes sur la surface ; elles ont cette propriété commune, qu'un plan tangent en un de leurs points est toujours tangent en un autre point. Nous pouvons ajouter d'une façon générale, comme nous le verrons plus tard, que cette propriété n'est pas vraie pour le point critique. Un plan tangent en un point quelconque à l'extérieur de ces lignes (1) est entièrement au-dessous de la surface, sauf au point de contact simple lui-même. Un plan tangent en un point situé *en dedans* de ces lignes coupe

---

placé dans un milieu de pression et de température constante, nous écrirons

$$\delta(\varepsilon - T\eta + Pv) = 0$$

où δ s'applique soit aux variations produites par un changement d'état des parties du corps, soit (si les différentes parties sont à des états différents) au changement dans la proportion des fractions du corps qui se trouvent à ces états. La condition de stabilité de l'équilibre est alors que la valeur de l'expression entre parenthèses soit minimum.

(1) [Binodales ou connodales de Van der Waals et de Korteweg.] BB.

toujours la surface. Ces lignes prises dans leur ensemble déterminent donc les limites de *stabilité absolue* et la surface extérieure à celles-ci *la surface limite de stabilité absolue*. La partie de la surface enveloppe du plan roulant, qui est comprise entre les deux lignes tracées par le plan sur la surface, est la partie de la surface dérivée qui représente un mélange de deux états de la matière.

La relation entre ces lignes et ces surfaces est à peu près représentée en projection[1] horizontale par la figure (17) dans

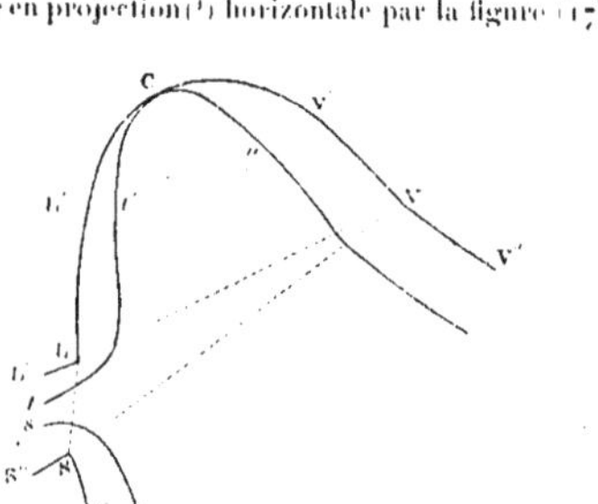

Fig. 17.

laquelle les lignes pleines se rapportent à la surface primitive et les lignes pointillées à la surface dérivée. S, L et V sont les points qui ont un plan tangent commun unique, et représentent les états solide, liquide et gazeux qui peuvent exister en même temps en contact. Le triangle plan S L V est la surface dérivée qui représente le mélange de ces trois états, LL′ et VV′ sont un couple de lignes, qui a été tracé par le plan bitangent dans son mouvement de roulement ; entre elles, se trouve la surface réglée dérivée, qui représente le mélange de liquide et de vapeur. VV″ et SS″ forment un autre couple de lignes entre lesquelles se trouve la surface dérivée correspondant au

(1) Une projection horizontale de la surface thermodynamique est identique à celle qui a été décrite à la page 42 de ce volume sous le nom de Diagramme volume-entropie.

mélange de vapeur et de solide. SS''' et LL''' forment un troisième couple de lignes entre lesquelles se trouve la surface dérivée correspondant au mélange de solide et de liquide. — L''' L L', V' V V'' et S'' S S' sont les limites de la surface qui représente les états absolument stables du corps solide, liquide ou gazeux.

La représentation géométrique des résultats que le Dr Andrews (Philos. Trans. **159**, p. 575) a obtenus par ses expériences sur l'acide carbonique montre que, au moins pour ce cas particulier, la surface dérivée pour un mélange de gaz et de liquide se termine de la façon suivante : tandis que le plan bitangent roule sur la surface primitive, les deux points de contact se rapprochent de chaque côté et finalement se confondent. Dans ce cas, le roulement du plan bitangent a nécessairement une fin. Le lieu où ces deux points de contact se rencontrent est le point critique. Avant de discuter plus à fond les propriétés géométriques de ce point et sa signification physique, il convient de rechercher la nature de la surface primitive qui est placée entre les lignes qui limitent la région de stabilité absolue.

Entre deux points de la surface primitive qui ont un plan tangent commun, comme L' et V' dans la figure, s'il n'y a aucune lacune dans la surface primitive, il existe évidemment une région où la surface est concave vers le plan tangent, au moins pour une de ses courbures principales ; et cette région représente alors des états d'équilibre instable aussi bien pour des variations continues que pour des variations brusques (voir page 71) (¹). Si nous dessinons sur la surface primitive une ligne qui la sépare en deux régions d'équilibres stable et instable pour des changements continus, c'est-à-dire qui sépare la région dont les courbures principales ont toutes deux leur concavité tournée vers le haut, de celle qui a l'une de ses courbures principales ayant sa concavité tournée vers le bas ; cette ligne que nous appellerons ligne d'*instabilité essentielle* a dans la figure (17) une forme à peu près telle que *ll'* C *vv' ss'*. Elle est tangente à la courbe limite de stabilité absolue au point critique C. Car nous pouvons prendre un couple de points sur L C et V C, tels qu'ils aient un point tangent commun aussi près

(¹) Ceci est un résultat identique à celui que le professeur J. Thomson a obtenu relativement à la surface à laquelle se rapporte la note de la page 60.

de C que nous voudrons, et la section de la surface primitive par un plan mené perpendiculairement au plan tangent, entre les deux points de contact, passe nécessairement à travers une région d'instabilité.

Les propriétés géométriques du point critique sur notre surface peuvent être rendues encore plus claires, si on représente les lignes de courbure tracées sur la surface pour une des courbures principales, particulièrement pour celle qui change de signe quand on traverse la ligne qui est la limite d'instabilité essentielle. Les lignes de courbure qui atteignent cette ligne, la croisent en général. A chaque point où il en est ainsi, comme le signe de leur courbure change, elles coupent évidemment le plan tangent à la surface, et par suite la surface même coupe le plan tangent. Mais quand une de ces lignes est tangente à la courbe limite d'instabilité essentielle, sans la croiser, de telle sorte que sa courbure reste toujours positive (les courbures dont la concavité est tournée vers le haut doivent être comptées positivement) la surface ne coupe évidemment pas le plan tangent, mais elle a avec lui un contact de troisième ordre dans la section de moindre courbure. Donc le point critique doit être un point où la ligne de courbure relative à celle des courbures principales qui change de signe, est tangente à la ligne qui sépare les courbures positives des courbures négatives.

De ce dernier paragraphe, nous pouvons déduire la propriété physique suivante de l'état critique : quoique celui-ci soit un état limite entre la stabilité et l'instabilité pour des variations lentes, et quoique ces états limites soient en général instables pour de tels changements, l'état critique est cependant stable. La proposition est encore vraie entendue au sens de la stabilité absolue, c'est-à-dire en laissant de côté la distinction entre les changements continus et les changements brusques ; en somme, bien que l'état critique soit un état limite entre la stabilité et l'instabilité et que l'équilibre soit, dans ces états limites, en général indifférent (à condition que la substance soit toujours maintenue dans un milieu à pression et à température constantes), l'état critique est encore stable.

De ce que nous venons de voir au sujet de la courbure de la surface primitive au point critique, il résulte que si nous prenons un point sur cette surface, infiniment voisin du point critique, et tel que les plans tangents en ces deux points se coupent suivant une ligne, qui soit perpendiculaire à la section de courbure minimum au point critique, l'angle de ces deux plans tangents sera infiniment petit de l'ordre du cube de la distance des deux points.

On aura alors pour le point critique.

$$\left(\frac{dp}{dv}\right)_t = 0 \qquad \left(\frac{dp}{d\eta}\right)_t = 0 \qquad \left(\frac{dt}{dv}\right)_p = 0 \qquad \left(\frac{dt}{d\eta}\right)_p = 0$$
$$\left(\frac{d^2p}{dv^2}\right)_t = 0 \qquad \left(\frac{d^2p}{d\eta^2}\right)_t = 0 \qquad \left(\frac{d^2t}{dv^2}\right)_p = 0 \qquad \left(\frac{d^2t}{d\eta^2}\right)_p = 0.$$

et si nous imaginons l'isotherme et l'isobare menée par le point critique sur la surface primitive, ces lignes auront un contact du deuxième [1] ordre.

L'élasticité de la substance à température constante et sa chaleur spécifique sous pression constante peuvent être définies par les équations :

$$e = -v\left(\frac{d\eta}{dt}\right)_t \qquad s = t\left(\frac{d\eta}{dt}\right)_p$$

On a donc pour le point critique :

$$e = 0. \qquad \frac{1}{s} = 0.$$

$$\left(\frac{de}{dv}\right)_t = 0 \quad \left(\frac{de}{d\eta}\right)_t = 0 \quad \left(\frac{d\frac{1}{s}}{dv}\right)_p = 0 \quad \left(\frac{d\frac{1}{s}}{d\eta}\right)_p = 0$$

Ces quatre équations seront encore vraies, si on substitue p à t, et réciproquement.

Nous avons vu, que dans le cas d'une substance qui peut passer d'une façon continue de l'état liquide à l'état gazeux, une partie de la surface primitive peut représenter les états qui sont essentiellement instables (c'est-à-dire instables pour variations continues) et où ils ne peuvent exister d'une façon permanente que dans des espaces très limités, à moins que la surface primitive ne se termine brusquement par une ligne qui passe par le point critique. Il n'en résulte pas nécessairement,

---

(1) Le mémoire original avait dit par erreur : du troisième ordre. — J. W. G. 1891.

qu'un tel état ne puisse pas du tout être réalisé. Il paraît tout à fait possible qu'une substance qui se trouve au début à l'état critique, puisse subir une dilatation assez rapide pour que la chaleur n'ait pas le temps de se propager par conduction et alors le corps pourra passe à l'un des états d'instabilité essentielle. Aucun autre résultat n'est possible dans l'hypothèse où il n'y a aucune transmission de chaleur, puisqu'elle exige que tous les points, qui représentent le corps soient situés sur l'isentropique (ou adiabatique) du point critique sur la surface primitive. Il faut remarquer qu'il n'y a aucune instabilité relativement à des changements d'états ainsi délimités, car cette ligne (la section plane de la surface primitive perpendiculaire à l'axe des η) est concave en haut, et il résulte de ce fait, que la surface primitive est toujours placée entièrement au-dessus du plan tangent au point critique.

Nous pouvons nous représenter les ondes de compression et de dilatation qui se propagent dans une substance qui se trouve au point critique. La vitesse de propagation dépend de la valeur de $\left(\frac{dp}{d\eta}\right)_{\eta}$ c'est-à-dire de $-\left(\frac{d^2\varepsilon}{dv^2}\right)_{\eta}$. Pour une onde de compression, la valeur de cette expression est déterminée seulement par la forme des isentropiques de la surface primitive. Mais si une onde dilatée possède à peu près la même vitesse que l'onde comprimée, il s'ensuit que la substance, en se dilatant dans ces circonstances reste à un état représenté par la surface primitive, ce qui entraîne la réalisation d'états d'instabilité essentielle. La valeur de $\left(\frac{d^2\varepsilon}{dv^2}\right)_{\eta}$ sur la surface dérivée est, on peut le remarquer, tout à fait différente de sa valeur sur la surface primitive, parce que la courbure de ces deux surfaces est différente au point critique.

Le cas est différent s'il s'agit de la partie de la surface située entre la limite de stabilité absolue et la limite d'instabilité essentielle. Dans ce cas, nous connaissons expérimentalement quelques-uns des états représentés. Pour l'eau, par exemple, il est bien connu qu'on peut réaliser des états liquides au delà de la limite de stabilité absolue, d'une part au delà de la partie de la limite où commence normalement la vaporisation (LL′ sur la figure 17) et d'autre part au delà de la partie de la ligne limite où commence d'ordinaire la congélation (LL‴). La vapeur, elle aussi, peut exister en dehors de la limite de stabilité absolue, c'est-à-dire qu'elle peut exister, pour une température donnée, sous une pression plus grande que celle qui est la pression d'équilibre entre la vapeur et le liquide à cette température, quand leur surface de contact est plane : les considérations tirées du mémoire de W. Thomson (*On the equilibrium of a vapour at the curved surface of a liquid — Proc. Roy. Soc. Edimb. Session 1869-70* et *Phil. Mag.* **42**, p. 448) ne laissent, sur ce point, place à aucun doute. Par des expériences analogues à celles que J. Thomson indique dans le mémoire déjà cité, nous pouvons nous placer dans des conditions telles que la vapeur existe encore bien au delà de la limite d'absolue stabilité. [1] Comme la résistance caractéristique des corps solides aux déformations tend évidemment à arrêter tout changement d'état qui commence à leur intérieur, nous pouvons admettre que, à plus forte raison, le corps se maintiendra à l'état solide très loin de la limite de stabilité absolue.

La surface de stabilité absolue forme, avec le triangle qui représente le mélange des trois états, et les trois surfaces réglées qui représentent le mélange de deux états, une surface continue, qui est toujours concave vers le haut, excepté dans la partie plane et donne une valeur unique pour ε, quand les

---

[1] Si nous expérimentons avec un liquide qui ne mouille pas les parois du vase qui le contient, nous pouvons nous affranchir de la nécessité de maintenir le vase à température plus élevée que celle de la vapeur pour empêcher la condensation. Si un ballon de verre muni d'un tube suffisamment long est placé verticalement, l'extrémité ouverte du tube sur une cuve à mercure, le tube ne contient que du mercure et de la vapeur, et le ballon de la vapeur de mercure seulement : la hauteur à laquelle s'arrête le mercure dans le tube constitue un moyen facile et exact de mesurer la tension de vapeur. Si maintenant on chauffe le tube au voisinage du sommet de la colonne à une température plus élevée que celle du ballon, la condensation se ferait dans ce dernier, si le mercure était un liquide mouillant la paroi. Mais comme tel n'est pas le cas, il est vraisemblable que si l'expérience est faite avec les précautions nécessaires, il n'y aura aucune condensation dans certaines limites de température. S'il y avait condensation, elle serait facile à voir, particulièrement si le tube étant incliné, le ballon avait une partie recourbée vers le bas, qui empêche le mercure condensé de revenir dans le tube. Tant qu'il n'y a aucune condensation, il est facile de maintenir le ballon et le sommet de la colonne de mercure aux températures (différentes) que l'on veut. C'est la température du sommet de la colonne détermine la pression de vapeur dans le ballon. De cette façon, il paraît possible d'obtenir de la vapeur de mercure dans le ballon à une pression bien plus élevée que la pression de vapeur saturée à sa température.

valeurs de η et v sont données. Il en résulte, t étant nécessairement positif, que, de même, on n'a qu'une valeur de η pour toutes les valeurs données de v et de ε. Si la vaporisation peut avoir lieu pour toute température absolue au-dessus de o, alors p est toujours positif et la surface ne donne qu'une valeur de v pour toutes les valeurs données de η et ε. Cette surface est la *surface d'énergie dissipée*. Si nous considérons tous les points qui représentent le volume, l'énergie et l'entropie du corps dans tous les états possibles et pas seulement dans les états d'équilibre, ils forment un espace matériel, illimité dans certaines directions, mais limité dans d'autres par cette surface (1).

---

(1) Cette description de la surface d'énergie dissipée est applicable à toute substance qui peut exister sous les états solide, liquide et gazeux, et qui ne présente aucune anomalie dans ses propriétés thermodynamiques. Mais quelque forme que puisse avoir la surface primitive, si nous considérons les parties, pour tous les points desquelles le plan tangent ne coupe pas la surface primitive, en même temps que toute la surface plane ou développable *dérivée*, formée, comme on l'a vu, par des plans fixes ou roulants qui ne coupent pas la surface primitive ; tout cet ensemble formera une surface continue, qui représentera la surface d'énergie dissipée, en rejetant la partie, si elle existe, où l'on a $p < O$; et elle a les propriétés géométriques décrites plus haut.

D'ailleurs, il n'y aura aucune région où p sera $< O$ si l'on peut assigner une température à laquelle la substance a les propriétés des gaz parfaits, excepté quand son volume est plus petit qu'une certaine quantité donnée v'. Car les équations d'une isothermique sur la surface thermodynamique pour un gaz parfait (voir les équations B et E page 31 et 32) sont

$$\varepsilon = C$$
$$\eta = a \log v + C'$$

L'isothermique t' sur la surface thermodynamique de la substance en question, doit avoir les mêmes équations dans la partie où v est plus grand que la constante v'. Si maintenant pour un point de cette surface on a $p < O$ et $t > O$, les équations du plan tangent à ce point deviennent :

$$\varepsilon = m\eta + nv + C'',$$

où m est la température et $-n$ la pression au point de contact, de telle sorte que m et n soient tous deux positifs. Il est évidemment possible de donner à v' une valeur assez grande dans l'équation de l'isothermique, pour que le point ainsi déterminé soit au-dessous du plan tangent. Mais alors le plan tangent coupe la surface primitive, et le point de la surface thermodynamique pour lequel on a $p < O$, ne peut pas appartenir aux surfaces mentionnées dans le dernier paragraphe comme formant une nappe continue.

Les lignes tracées sur la surface primitive par le roulement du plan bitangent, que nous avons considérées comme les limites de la stabilité absolue ne se terminent pas aux sommets du triangle qui représente le mélange des trois états. Lorsque le plan est tangent à la surface primitive en ces trois points, il peut commencer à rouler sur la surface comme plan doublement tangent, non seulement en laissant les trois points du même côté, mais aussi par une rotation du côté opposé. Dans ce dernier cas toutefois, les lignes tracées sur la surface primitive par les points de contact, quoique la continuation des lignes précédemment décrites, ne font pas partie de la courbe limite de stabilité absolue. Les parties de l'enveloppe du plan roulant qui sont comprises entre ces lignes sont bien une continuation des surfaces réglées, qui ont été décrites, et représentent des états du corps qui peuvent être réalisés au moins en partie, mais elles offrent peu d'intérêt; car d'une part elles ne prennent aucune part à la formation de la surface d'énergie dissipée, et d'autre part, elles n'ont pas l'intérêt théorique qui s'attache à la surface primitive.

PROBLÈMES RELATIFS A LA SURFACE D'ÉNERGIE DISSIPÉE

La surface d'énergie dissipée présente une application importante, à toute une classe de problèmes : ceux qui concernent les résultats théoriquement possibles, en partant d'un corps ou d'un système de corps dans un état initial donné.

Soit par exemple, à chercher le travail mécanique maximum qui peut être tiré d'une quantité déterminée de substance dans un état initial donné, sans changer le volume total, ni laisser passer de chaleur dans un sens ou dans l'autre entre la substance et le milieu extérieur, à moins que ces échanges de chaleur ne ramènent, à la fin d'un cycle fermé, l'état initial. C'est cette quantité de travail mécanique qu'on peut appeler l'*énergie utilisable* du corps. On suppose que l'état initial est tel que le corps peut passer de cet état à des états d'énergie dissipée par des processus réversibles.

Si le corps se trouve au début dans un état représenté par un point de la surface d'énergie dissipée, on ne peut naturellement, dans les conditions données, en tirer aucun travail. Mais même si le corps est dans un état d'équilibre thermodynamique, et par suite dans un état représenté par un point de la surface thermodynamique, on peut en tirer une certaine somme d'énergie, utilisable à la production d'un travail, pourvu que le point ne soit pas sur la surface d'énergie dissipée ; parce qu'alors le corps est en équilibre instable pour des changements discontinus. Ou bien le corps est solide, et même s'il se trouve à un état uniforme, sa pression (ou tension) peut être variable avec la direction et peut de cette façon fournir une certaine quantité d'énergie utilisable. Ou bien, les différentes parties du corps sont à des états différents, ce qui sera en général une source d'énergie utilisable. Enfin si nous n'excluons pas le cas, où le corps a un mouvement sensible, sa force vive représentera aussi de l'énergie utilisable. Dans tous les cas, nous aurons à trouver le volume initial, l'énergie et l'entropie initiales qui sont égaux à la somme des valeurs correspondantes pour les différentes parties du corps. (« Energie » est employé ici comme comprenant aussi la force vive due aux mouvements du corps.) Ces valeurs de v, ε et η déterminent la position d'un certain point qui représente l'état initial.

Maintenons la condition, qu'aucune quantité de chaleur ne passe sur les corps extérieurs, exige que l'entropie finale du corps ne soit pas plus petite que l'entropie initiale, puisque en violant cette condition on ne pourrait que la rendre plus petite.

Le problème peut alors être réduit au suivant : trouver la quantité dont l'énergie du corps peut être diminuée sans augmentation du volume, ni diminution de l'entropie. Cette quantité sera géométriquement représentée par la distance du point représentatif de l'état initial à la surface d'énergie dissipée, mesurée parallèlement à l'axe des ε.

Abord s un autre problème. Un état initial déterminé est donné comme ci-dessus. Aucun travail n'est cédé ni emprunté aux corps extérieurs. De la chaleur peut être reçue ou abandonnée, mais à condition que la somme algébrique des quantités de chaleur communiquées, soit nulle. On peut affranchir de ces deux restrictions, les corps qui sont ramenés à leur état initial après un cycle fermé. Il ne doit y avoir non plus aucune augmentation de volume. Il s'agit de déterminer la quantité maximum dont on puisse diminuer l'entropie d'un système extérieur dans ces circonstances. Ce sera évidemment la quantité dont l'entropie du corps peut être augmentée, sans changer son énergie et sans diminuer son volume, et cette quantité sera géométriquement représentée par la distance du point qui représente l'état initial, à la surface d'énergie dissipée, mesurée parallèlement à l'axe des η. Cette quantité peut être appelée la capacité du corps pour l'entropie dans l'état donné [1].

Troisièmement. — On a donné comme plus haut un certain état initial du corps. Aucun travail ne doit être emprunté aux

---

[1] Il peut être utile d'appeler l'attention sur les analogies et les différences entre ce problème et le précédent. Dans le premier cas, la question se résume virtuellement à ceci : quel est la grandeur du poids que peut élever un corps pris dans un état donné, à une hauteur donnée, sans produire d'autre changement dans les corps extérieurs ? Dans le second cas : quelle quantité de chaleur l'état du corps nous permet-il de soustraire d'un autre corps extérieur à une température donnée pour la faire passer sur un autre corps à une température plus élevée également donnée ? Pour que les valeurs numériques de l'énergie utilisable et de la capacité pour l'entropie soient identiques dans les réponses à ces questions, il faudra mesurer, dans le premier cas, le poids en unité de force et la hauteur donnée en unité de longueur ; et dans le second cas prendre la différence des inverse des températures données, égale à un. Si nous préférons choisir les points de congélation et d'ébullition de l'eau comme des températures fixes ; con $\frac{1}{273} - \frac{1}{373} = 0{,}00098$, la capacité du corps pour l'entropie est égale à 0,00098 fois la somme de chaleur

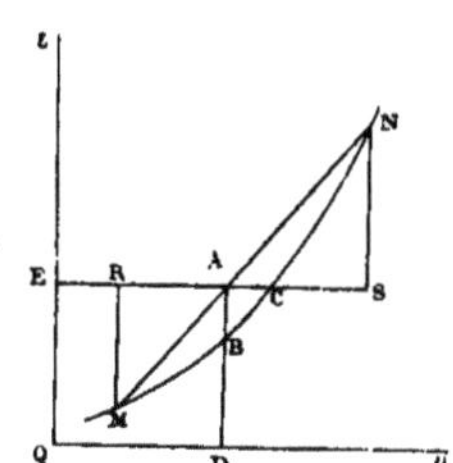

Fig. 18.

qu'il nous permet d'élever du point de congélation de l'eau au point d'ébullition (c'est-à-dire la quantité de chaleur à emprunter à un corps à 0° pour la faire passer sur un autre à 100°).

Les relations de ces quantités entre elles et avec la surface d'énergie corps extérieurs, et aucune chaleur ne doit être donnée ni reçue ; les corps, qui ne sont le siège d'aucune modification permanente peuvent être, comme précédemment, affranchis de ces deux restrictions. Il faut trouver la quantité dont le volume du corps peut être diminué, si pour cela, conformément aux conditions imposées, l'on ne peut faire agir que les forces provenant du corps lui-même. Les conditions exigent que l'énergie du corps ne change pas, et que son entropie ne soit pas diminuée. Alors la quantité demandée sera donnée par la distance

---

dissipée sont données par la figure 18 — qui représente un plan perpendiculaire à l'axe des v, passant par le point A, point initial du corps. MN est la section de la surface d'énergie dissipée. $Q\varepsilon$ et $Q\eta$ sont les sections des plans $\eta = O$ et $\varepsilon = O$ et sont donc des parallèles aux axes des η et des ε. AD et AE sont l'énergie et l'entropie du corps dans son état initial, AB et AC son énergie utilisable et sa capacité pour l'entropie. Il en résulte immédiatement que si l'une des deux grandeurs, l'énergie utilisable ou la capacité pour l'entropie, est nulle, l'autre est également nulle. Sauf dans ce cas, chacune de ces quantités peut subir une variation sans influencer l'autre. Car il est évidemment possible, en tenant compte de la courbure de la surface d'énergie dissipée, de changer la position du point représentant l'état initial et de modifier sa distance à la surface, mesurée parallèlement à l'un des axes, sans modifier cette distance parallèlement à l'autre axe.

Comme les différents sens, dans lesquels le mot entropie a été employé, par certains auteurs, sont passibles de malentendus, il ne sera pas déplacé d'ajouter quelques mots sur la terminologie de ce sujet Si le professeur Clausius avait défini l'entropie par l'équation

$$dS = -\frac{dQ}{T}$$

au lieu de (Mecanische Wärmetheorie Abb. IX § 14. Pogg Ann. Juillet 1865).

$$dS = \frac{dQ}{T},$$

où S est l'entropie, T la température d'un corps et dQ l'élément de chaleur qu'on lui communique ; ce qu'on a appelé ici la capacité pour l'entropie, se serait naturellement appelé l'*entropie utilisable*, expression plus commode à cause de son analogie avec l'*énergie utilisable*. Une telle différence dans la définition de l'entropie n'en produirait aucune dans la forme de la surface thermodynamique, ni dans aucune de nos constructions géométriques, en admettant seulement que la direction dans laquelle l'entropie est comptée positivement soit renversée. Il n'y aurait du point représentant l'état initial à la surface d'énergie dissipée mesurée parallèlement à l'axe des volumes.

Quatrièmement. — Un état initial du corps est donné comme plus haut. Le volume ne doit pas augmenter. Aucun travail ne doit être communiqué aux corps extérieurs ou emprunté à ces corps, ni aucune chaleur ne doit leur être enlevée ni transmise, excepté celle qui provient d'un certain corps à une température constante donnée t'. Des dernières conditions, on peut affranchir comme plus haut tous les corps dans lesquels ne se produira aucun changement permanent. Il faut trouver la plus grande quantité de chaleur qui puisse être communiquée, dans ces conditions, au corps à température constante, et de même la plus grande quantité de chaleur qui puisse lui être enlevée. Si nous menons par le point de l'état initial une droite dans le plan perpendiculaire à l'axe des v, de telle sorte que la tangente de son angle avec la direction de l'axe des η soit égale à la température donnée t', on peut facilement montrer que les projections verticales des deux segments déterminés par le point initial sur la portion de ligne limitée à la surface d'énergie dissipée, représentent les deux quantités cherchées (¹).

---

qu'à changer $-\eta$ en η dans les équations, et à faire les changements correspondants dans l'énoncé des propositions en langage ordinaire. Le professeur Tait a proposé d'employer le mot « Entropie » dans un sens opposé à celui qu'avait admis Clausius (Thermodynamics § 48, voir aussi § 178) ce qui parait indiquer qu'il voudrait en définir la valeur par la première des équations précédentes. Il parait néanmoins, plus loin, employer le mot pour désigner l'énergie utilisable (§ 182, 2, Théorème). Le professeur Maxwell emploie le mot entropie comme synonyme d'énergie utilisable avec l'affirmation erronée que Clausius l'a employé pour désigner la partie non utilisable de l'énergie (Theory of Heat, p. 186 et 188). Et l'expression ENTROPIE d'après Clausius ne désigne pourtant pas une quantité du même ordre (c'est-à-dire qui puisse être mesurée avec la même unité) que l'énergie ; cela résulte de l'équation citée plus haut, dans laquelle Q (chaleur) désigne une grandeur qui peut être mesurée en unités d'énergie, et comme l'unité choisie pour évaluer T (température) est arbitraire, il est évident que S et Q sont exprimées en unités différentes. On peut ajouter que, d'après la définition de Clausius, l'entropie est synonyme de la FONCTION THERMODYNAMIQUE de Rankine.

(¹) Si dans la figure 18, on mène la droite MAN de telle sorte que $tg\ NAC = t'$, MR est la plus grande quantité de chaleur qui peut être donnée au corps à température constante et NS la plus grande quantité de chaleur qui peut lui être prise.

Ces problèmes peuvent être modifiés de façon à serrer de plus près les problèmes économiques qui se présentent dans la pratique. Si nous supposons le corps environné par un milieu à température et à pression constantes, et si ensuite nous mettons le corps et le milieu ensemble à la place du corps considéré dans les problèmes précédents, nous arriverons aux résultats suivants :

Si nous considérons un plan qui représente la température et la pression constante du milieu, tangent à la surface d'énergie dissipée; la distance du point représentant l'état initial du corps à ce plan mesure l'énergie utilisable du corps et du milieu, en la mesurant parallèlement aux axes des ε; la distance de ce point au plan mesurée parallèlement à l'axe des η représente la capacité pour l'entropie, du corps et du milieu; la distance du même point mesurée parallèlement à l'axe des v, le plus grand vide que l'on puisse obtenir avec le corps et le milieu (en y appliquant toutes les forces provenant du corps et du milieu).

Si on mène une ligne, par ce point, dans un plan perpendiculaire à l'axe des v, la projection verticale des segments de cette ligne, déterminés par le point et le plan tangent, représentera la plus grande quantité de chaleur qui puisse être donnée ou prise à un autre corps à température constante, représentée par la tangente de l'angle d'inclinaison sur l'horizon. (Elle représente la plus grande somme de chaleur qui peut être donnée au corps à température constante, si cette température est plus grande que celle du milieu, et, dans le cas opposé, la plus grande quantité de chaleur qui peut lui être soustraite.) Dans tous les cas, le point de contact entre le plan et la surface d'énergie dissipée représente l'état final du corps donné.

Si un plan, représentant la température et la pression du milieu, est mené par le point qui correspond à l'état initial du corps donné, la partie du plan qui se trouve à l'intérieur de la surface d'énergie dissipée représentera en volume, énergie et entropie, tous les états dans lesquels le corps peut être amené par des procédés réversibles, sans produire de changements permanents dans les corps extérieurs (si ce n'est dans le milieu) et l'espace solide compris entre cette figure plane et la surface d'énergie dissipée représentera tous les états auxquels le corps peut être amené par des procédés quelconques, sans produire de changements permanents dans les corps extérieurs (si ce n'est dans le milieu) [1].

---

[1] Le corps dont il est question a été supposé partout dans ce mémoire, constitué par une substance homogène. Mais si nous imaginons un système matériel quelconque, et que nous supposions qu'à tout état possible du système corresponde un point déterminé en prenant pour coordonnées de ce point les valeurs totales du volume, de l'entropie et de l'énergie du système ; les points ainsi déterminés occuperont évidemment un espace fermé, qui sera limité dans certaines directions déterminées par une surface représentant les états d'énergie dissipée. Dans ces états, la température est nécessairement uniforme dans tout le système. La pression peut varier (par exemple dans le cas d'une grande masse comme une planète) mais il sera toujours possible de maintenir l'équilibre du système (dans un état d'énergie dissipée) par application d'une pression uniforme normale exercée à la surface. Cette pression et la température uniforme du système seront représentées par l'inclinaison de la surface d'énergie dissipée d'après la règle de la page 60. — Relativement à des problèmes semblables à ceux qui viennent d'être discutés dans les dernières pages de ce mémoire, cette surface aura pour le système qu'elle représente, des propriétés entièrement semblables à celles de la surface d'énergie dissipée d'un corps homogène.

ÉVREUX, IMPRIMERIE DE CHARLES HÉRISSEY

www.ingramcontent.com/pod-product-compliance
Ingram Content Group UK Ltd.
Pitfield, Milton Keynes, MK11 3LW, UK
UKHW021057270726
13967UKWH00012B/1973